CFRA财富风险管理师协会指定用书

资产持有架构设计师

宋晓恒◎主编

彭博 柳先涛 侯惠密◎副主编

A-STEP:
ASSET-HOLDING
STRUCTURE
DESIGNER

经济管理出版社
ECONOMY & MANAGEMENT PUBLISHING HOUSE

图书在版编目（CIP）数据

A-STEP 资产持有架构设计师／宋晓恒主编. —北京：经济管理出版社，2020. 8
ISBN 978-7-5096-7336-2

Ⅰ. ①A… Ⅱ. ①宋… Ⅲ. ①家庭财产—风险管理 Ⅳ. ①TS976. 15

中国版本图书馆 CIP 数据核字（2020）第 146635 号

组稿编辑：丁慧敏
责任编辑：丁慧敏　张广花
责任印制：黄章平
责任校对：董杉珊

出版发行：经济管理出版社
（北京市海淀区北蜂窝 8 号中雅大厦 A 座 11 层　100038）
网　　址：www. E-mp. com. cn
电　　话：（010）51915602
印　　刷：北京晨旭印刷厂
经　　销：新华书店
开　　本：720mm×1000mm ／16
印　　张：8
字　　数：103 千字
版　　次：2020 年 8 月第 1 版　　2020 年 8 月第 1 次印刷
书　　号：ISBN 978-7-5096-7336-2
定　　价：48.00 元

前言

“守富时代”悄然来临，保证财富安全，防止资产缩水比创造更多财富更重要。财富管理失败案例多如牛毛，发人深省。无知、无畏、无备、无奈主导“守富时代”的家庭财富管理。

目录

第一章

我的资产我做主
有什么风险

我的资产我做主，基本都是美好的夙愿，现实生活中基本上是事与愿违。

第一节　个人持有资产的风险

一、婚姻风险

随着中国经济的不断发展，人们拥有的婚前财产越来越多，婚姻越来越演变成一种财产关系，结婚不仅是情感上的结合，同时还意味着财产的混同。

第一，婚前个人持有的财产变成婚内共同财产。根据《婚姻法司法解释三》第五条的相关规定，夫妻一方个人财产在婚后产生的收益，除孳息和自然增值外，应认定为夫妻共同财产。也就是说，婚前财产在婚后产生的孳息和自然增值，属于个人财产，但其他收益均属于夫妻共同财产。因此，一方个人持有的婚前财产在婚后产生的收益一般而言是夫妻共同财产，但是孳息和自然增值是两个例外情形。

第二，婚前个人持有的公司婚后产生的利润属于共同财产。根据《中华人民共和国婚姻法》（以下简称《婚姻法》）第十七条第一款第二项的相关规定，夫妻在婚姻关系存续期间的生产、经营收益归夫妻共同所有。一方在婚前开办公司，该公司在婚后产生的利润，属于投资经营收益，若收益尚未由企业分配给股东，则属于企业财产；若利润分配给股东个人，即分配给婚前出资开办公司的一方，则属于夫妻共同财产。

第三，婚内夫妻财产混同。虽然《婚姻法司法解释一》第 19 条规定，夫妻一方所有的财产，不因婚姻关系的延续而转化为夫妻共同财产。但在现实生活中，婚前个人财产与婚后夫妻共同财产发生混同还是很有可能的。

在婚姻关系中，两人结婚后，将夫妻共同经营所得的收入存入婚前个人存款账户，并从该账户中取款用于夫妻共同生活，在无特殊约定情况下，经过多次的存入和支出之后必然导致个人财产与夫妻共同财产混同，无法区分。在发生个人财产与夫妻共同财产混同的情形下，只有婚前个人财产的金额明显高于婚后夫妻共同经营所得财产，才有可能将混同部分分割一部分出来作为个人婚前财产，否则均应视为夫妻共同财产。

第四，离婚时，作为婚姻共同财产被分割。在一个家庭中，夫妻双方的收入比例大多是有区别的，男方经济收入高于女方的情况较多。但在分割共同财产时，夫妻双方对共同所有的财产有平等的所有权。离婚时，任何一方对共同财产都依法享有平等分割的权利。这就意味着，只要个人持有的财产变成夫妻共同财产，一旦离婚，即可作为夫妻共同财产分割。

二、债务风险

第一，个人债务。个人对外负有债务，个人持有的资产就会面临债务侵袭。《中华人民共和国民事诉讼法》（以下简称《民事诉讼法》）第二百三十六条规定：“发生法律效力的民事判决、裁定，当事人必须履行。一方拒绝履行的，对方当事人可以向人民法院申请执行，也可以由审判员移送执行员执行。调解书和其他应当由人民法院执行的法律文书，当事人必须履行。一方拒绝履行的，对方当事人可以向人民法院申请执行。”

人民法院判决后，欠债人仍不偿还借款，法院可以依法采取以下强制措施进行执行，甚至可以以拒不执行法院判决裁定罪对其处罚：①有权冻结、划拨被执行人的存款；②有权查封、扣押、冻结、拍卖、变卖被执行人应当履行义务部分的财产；③隐匿财产的，人民法院有权发出搜查令，对被执行人及其住所或者财产隐匿地进行搜查；④强制被执行人加倍支付迟延履行期间的债务利息或迟延履行金；⑤债权人发现被执行人有其他财产的，也可以随时请求人民法院强制执行；⑥被申请人拒不履行生效判决、裁定的，人民法院可以根据情节轻重予以罚款、拘留；⑦被申请人拒不履行生效判决、裁定情节严重构成犯罪的，依法追究其刑事责任，此所谓拒不执行法院判决、裁定罪。

第二，夫妻共同债务。个人对外负有债务，不仅个人持有的资产面临巨大风险，甚至会变成夫妻共同债务，导致夫妻共同财产被迫还债。根据最高人民法院关于夫妻共同债务最新规定（2018 年 1 月 18 日起施行）：

第一条　夫妻双方共同签字或者夫妻一方事后追认等共同意思表示所负的债务，应当认定为夫妻共同债务。

第二条　夫妻一方在婚姻关系存续期间以个人名义为家庭日常生活需要所负的债务，债权人以属于夫妻共同债务为由主张权利的，人民法院应予支持。

第三条　夫妻一方在婚姻关系存续期间以个人名义超出家庭日常生活需要所负的债务，债权人以属于夫妻共同债务为由主张权利的，人民法院不予支持，但债权人能够证明该债务用于夫妻共同生活、共同生产经营或者基于夫妻双方共同意思表示的除外。

将上面复杂的条款梳理一下，整理成表 1-1。

表 1-1 最高院关于夫妻共同债务最新规定

1. 共签=共债 2. 妻子（丈夫）事后追认=共签=共债 3. 丈夫（妻子）个人名义借钱用于家庭生活=共债 4. 丈夫（妻子）个人名义借钱做生意=债权人举证用于家庭；如举证失败=妻子（丈夫）不用还

第三，个人连带承担公司债务。

一般来说，公司的债务肯定是由公司来承担的，股东不会承担公司的债务，因为股东对于公司承担的是有限责任。但特殊情况下公司的债务会由股东来承担，主要有以下几种情形。

（1）股东出资不实。未实际出资或是出资未达到股东依公司章程约定的比例。最高人民法院在 1993 年《全国经济审判座谈会纪要》第 5 项（一）中提出，“企业法人注册登记时，投资方出资不足的，人民法院在审理案件时，如果发现该企业财产不足清偿债务，应判令投资方补足其投资用以清偿债务；注册资金不实的，由开办单位在注册资金不实的范围内承担责任”。

（2）股东抽逃资金。有些股东在公司注册成立后，会将当初作为股本缴纳的出资抽回，使公司的资本客观上减少，违反了公司的资本不变的原则。如果公司在诉讼中被要求承担相应债务责任，但公司无力履行，公司股东可能会遇到要求在抽逃资本的范围内承担责任的可能，即这时股东要代公司受过。

（3）其他情况：比如股东在公司未正式注册成立时便以公司名义营业由此造成了债务，或股东挪用了公司的财产支付个人费用，或有些股东滥用公司的有限责任制度侵害债权利益，为自己牟取不当利益等。

三、税务风险

第一，税务居民身份。在法律上，税务居民身份是一个国家（地区）行使税收管辖权的依据，并非依据国籍标准，拥有一个国家的国籍并不一定成为该国的税务居民。税务居民身份的判定依据是各国国内法律，对税务居民的判定通常有三个标准，即住所标准、居所标准和停留时间标准。

“在中国境内有住所，或者无住所而在一个纳税年度内在中国境内居住累计满 183 天的个人”就会成为中国的税务居民。换言之，凡是符合《中华人民共和国个人所得税法》和《中华人民共和国企业所得税法》规定的居民企业和居民个人都是中国的税务居民。

《中国税收居民身份证明》是证明税收意义上中国居民的核心文件，用以帮助我国居民企业和个人在境外投资、经营和提供劳务等活动中享受我国政府与缔约国政府签署的税收协定待遇。企业或个人申请了《中国税收居民身份证明》，可在缔约国进行投资、劳务、经营等应税活动中享受税收协定的各项待遇，避免双重征税。

第二，个税改革，汇算清缴。2019 年个人所得税的计算方法发生了改变，即将纳税人取得的工资薪金、劳务报酬、稿酬、特许权使用费收入合并为“综合所得”，以“年”为一个周期计算应该缴纳的个人所得税。平时取得这四项收入时，先由支付方（即扣缴义务人）依税法规定按月或者按次预扣预缴税款。年度终了，纳税人需要将上述四项所得的全年收入和可以扣除的费用进行汇总，收入减去费用后，适用3%~45%的综合所得年度税率表（见表1-2），计算全年应纳个人所得税，再减去年度内已经预缴的税款，向税务机关办理年度纳税申报并结清应退或应补税款，这个过程就是汇算清缴。简言之，就是在平时已预缴税款的基础上“查遗补漏，汇总收支，按年算账，多退少补”。

表 1-2 个人所得税税率（综合所得适用）

级数	应纳税所得额	税率（%）	速算扣除数（元）
1	不超过 36000 元的部分	3	0
2	超过 36000 元至 144000 元的部分	10	2520
3	超过 144000 元至 300000 元的部分	20	16920
4	超过 300000 元至 420000 元的部分	25	31920
5	超过 420000 元至 660000 元的部分	30	52920
6	超过 660000 元至 960000 元的部分	35	85920
7	超过 960000 元的部分	45	181920

资料来源：《中华人民共和国个人所得税法》（2018 年版）个人所得税税率表。

第三，自然人反避税规则与受控外国公司（CFC）。新《中华人民共和国个人所得税法》加入了包含转让定价、受控外国公司以及一般反避税条款的反避税规则①。

新《中华人民共和国企业所得税法》将一般反避税条款作为兜底的补充性条款，主要目的在于打击和遏制以规避税收为主要目的，其他反避税措施又无法涉及的避税行为。自然人利用转让定价避税的风险，主要体现在财产转让（包含股权转让）所得、特许权使用费所得和高附加值劳务所得等。

受控外国公司（CFC）避税是指居民个人控制的，或者居民个人和居民企业共同控制的设立在实际税负明显偏低的国家（地区）

---

① 新《中华人民共和国个人所得税法》第八条规定，有下列情形之一的，税务机关有权按照合理方法进行纳税调整：（一）个人与其关联方之间的业务往来不符合独立交易原则而减少本人或者其关联方应纳税额，且无正当理由；（二）居民个人控制的，或者居民个人和居民企业共同控制的设立在实际税负明显偏低的国家（地区）的企业，无合理经营需要，对应当归属于居民个人的利润不作分配或者减少分配；（三）个人实施其他不具有合理商业目的的安排而获取不当税收利益。税务机关依照前款规定做出纳税调整，需要补征税款的，应当补征税款，并依法加收利息。

的企业，无合理经营需要，对应当归属于居民个人的利润不作分配或者减少分配。个人所得税改革的方向倾向于建立涵盖企业所得税和个人所得税的 CFC 规则，倾向于明确中国居民个人在境外设立的离岸公司构成受控外国公司，并对间接控制、代持、多层架构等方式进行明确，倾向于明确中国居民在境外设立的信托为受控外国公司，中国居民从境外信托取得的分配应视为应税所得，缴纳个人所得税。

江苏省南京地方税务局通过情报交换、约谈和实地访查等方式对某境外上市公司 14 名管理层股东通过 BVI 持股公司减持分配收益进行调查，成功补税约 2.5 亿元。CRS（Common Reporting Standard）和反洗钱现行机制可以发现避税情况，助力税务机关适用反避税条款征收税款。不具合理商业目的的离岸公司，受控外国企业等难以避税。

第四，CRS 信息交换。CRS，即共同申报准则，它是基于 2014 年 7 月经济合作与发展组织（以下简称经合组织，英文简称 OECD）发布的《金融账户涉税信息自动交换标准》（即 AEOI 标准）的内容之一，旨在打击跨境逃税及维护诚信的纳税税收体制。覆盖的金融机构：几乎所有的海外金融机构，包括银行、保险、信托、券商、律所、会计师事务所、提供各种金融投资产品的投资实体等。覆盖的资产信息：存款账户、托管账户、有现金的基金或者保险合同、年金合约，都要被交换。覆盖的个人信息：个人账户、账户余额、姓名、出生日期、年龄、性别、居住地，都要被交换。

2019 年 8 月 15 日，瑞士在国际社会的压力下，进入 CRS 正式交换程序，联邦议会正式宣布，在 2019 年 9 月向全球 33 个国家和地区的税收主管当局交换 CRS 涉税信息，其中包括了中国内地以及中国香港特别行政区。

2019 年 8 月 29 日，世界经合组织更新了加入 CRS 全球涉税信息交换的国家和地区名单，随着几内亚、纳米比亚和洪都拉斯的加入，全世界已有 157 个国家和地区的税收主管当局承诺或者正式实施执行 CRS①。

第五，目的国“当地税务申报”。每一个与海外有经济联系或者选择移民的人都需要了解目的国的“当地税务申报”规则。以美国为例，美国是一个全球征税的国家，其税务居民（Resident Alien）和非税务居民（Non-resident Alien）最大的区别在于，税务居民要像美国公民一样，需要向美国政府申报自己全球范围内的收入，而非税务居民只需要申报自己在美国境内的收入即可。

（1）美国税务居民的认定。美国不关心非美国公民的具体国籍，只关心其在税法上是否会被认定为税务居民。美国税务居民的认定标准有两个。其一，绿卡测试标准（Green Card Test），在绝大多数的情况下，如果一个人拥有美国移民局（USCIS）发的外国人注册卡（Alien Registration Card），即绿卡，那么在美国税法上，这个人就是美国税务居民。其二，实际居住测试（Substantial Presence Test），该测试以实际停留在美国境内的天数为判断标准。同时符合以下两种情况的外籍人士，应当视为美国税务居民（以 2017 年标准为例）：①2017 年在美境内实际停留时间至少为 31 天；②按照停留天数的计算方式，2015～2017 年在美境内实际停留天数至少为 183 天。计算标准为：2017 年天数×1+2016 年天数×1/3+2015 年天数×1/6。

除了以上两个规定外还有一些特殊情况，如持有“F”“M”“J”或者“Q”类签证的留学生，在美国停留的时间不被算在实际居住测试里面。也可以说直接会被美国政府视为非税务居民，不需要通过实际居住测试进行判断。

留学生需要填写表格 8843（Form 8843）申明自己属于实际居住测试的豁免人群。不过，对于在美读书时间超过 5 年的留学生，有

---

① 157 个国家和地区加入！CRS 来势汹汹，税务身份规划迫在眉睫！详见 http：//toutiao. manqian. cn/wz_ 57MxR8XpTM7. html。

可能不被豁免实际居住测试，除非能提供证据证明自己没有永久居住在美国的意图。

实际居住测试的豁免人群还包括持有“A”或“G”类签证的外国政府机构人员（不包括 A-3 和 G-5）等。

（2）非美国税务居民的税务申报。美国税务居民和公民按照全球收入来源征税，非美国税务居民按照美国收入来源征税。两类美国收入来源分两类，固定或可确定的年度或定期收入（Fixed, Determinable, Annual, Periodical），比如投资收入；在美国从事贸易或商业活动的相关收入（Connected Income），比如经营收入。固定的或可确定的年度或定期收入税率为 30%（如果这个居民国家和美国有双边税务协议，税率可能低于 30% 或者获豁免税款），比如利息收入、租金收入、版税、股息等。这个税率只限于不是从事美国商业活动的相关收入，总收入用来计算税费，相关费用不能用来抵减总收入。

如果非美国居民只有此种收入来源，在被抵扣 30% 的税费后，无须再提交美国税表。如果非美国居民在美国境内从事了商业活动（Trade or Business），就需要填写 1040NR 表格，针对非美居民的 1040NR 表格也有一些变种。

（1）1040NR-EZ 表格。该表格是 1040NR 表格的简化版。如果在美国获取的收入比较规律，数额比较固定，如工资、小费、州税地税返还、奖学金或研究奖金等，且没有依附人的情况下，使用该表格会比较简单。

（2）1040NR 表格。如果除了（1）中提到的数额固定的规律收入，还有一些诸如投资股票或存在依附人的情况，就需要填写 1040NR 表格。该表格按照应纳税额算法的顺序，将收入、抵扣项、已纳税额等项目进行排列，非常复杂，结构上大体类似于美国税务居民填写的 1040 表格。

（3）1040-ES（NR）表格。该表格的作用是帮助非美税务居民计算预估税（Estimated Tax）。如果非税务居民预期当年的应纳税额在1000美元以上，并且可返还的税额小于当年应纳税额的90%，或者前年的100%（取小者），那么就必须一年分4次缴纳预估税。这个最后会根据实际应纳税额，多退少补。①在美国没有收入（投资股票或是工作等）的留学生，不需要填写1040NR表格，但要填写8843表格；②在美国仅靠自己的知识或能力获取收入（Personal Service Income）且一年收入小于4000美元的非税务居民，在不需要申请退税的情况下，可以不填写1040NR表格。

四、传承风险

第一，法定继承、传非所愿。法定继承虽是常见的主要的继承方式，但继承开始后，应先适用遗嘱继承，只有在不适用遗嘱继承时才适用法定继承。一旦适用法定继承，所爱的未必多分，所恨的未必少分，只考虑法律上的公平性，不考虑被继承人的主观愿望。

《中华人民共和国继承法》第十条，遗产按照下列顺序继承：第一顺序为配偶、子女[①]、父母[②]；第二顺序为兄弟姐妹[③]、祖父母、外祖父母。

第二，遗嘱继承、难避纠纷。遗嘱只能明确财产的归属，却无法解决财产的分配、传递及管理等问题。遗嘱设立完毕后，谁来保管遗产？谁来执行遗嘱？有遗嘱却无法办理继承手续怎么办？这些问题都是遗嘱继承的难点，如果不能有效解决，日后一旦引起纠纷并启动遗产诉讼，不仅耗时，一般需要经历数年才有结果，而且花

---

① 本法所说的子女，包括婚生子女、非婚生子女、养子女和有扶养关系的继子女。

② 本法所说的父母，包括生父母、养父母和有扶养关系的继父母。

③ 本法所说的兄弟姐妹，包括同父母的兄弟姐妹、同父异母或者同母异父的兄弟姐妹、养兄弟姐妹、有扶养关系的继兄弟姐妹。

费巨大。另外，遗产可能被冻结，诉讼的结果也很可能违背被继承人的意愿。

第三，继承权公证难、传承效率低。继承权公证是指公证机关根据当事人的申请，依法确认当事人是否享有遗产继承权的证明活动。继承权公证难就难在人多、事多、证明多。

（1）人多。当事人申请办理继承权公证，应当到有管辖权的公证处提出申请。如果若干个当事人申请办理继承同一被继承人的遗产，应当共同到公证处提出申请。

（2）事多。公证机关办理继承权公证时重点审查以下内容：①被继承人死亡的时间、地点、死因，以及所留遗产的范围、种类和数量；②被继承人生前是否立有遗嘱，遗嘱是否真实、合法，有无变更或撤销的情况，以便确认其效力；③当事人是否属于法定继承人范围或者遗嘱中被指定的继承人，当事人是否属于代位继承人或者转继承人，当事人接受或放弃继承的意思表示是否真实；④是否遗漏了合法继承人，避免因为疏忽而侵害他们的合法权益，甚至引起纠纷。

（3）证明多。①申请当事人应递交公证申请书、当事人的身份证明，如工作证、身份证、户口簿等；②被继承人的死亡证明，如有关医院出具的死亡证明书、尸体火化证明书，或有关派出所出具的注销户口证明，如果被继承人是被宣告死亡的人，当事人应提交人民法院关于宣告死亡判决书；③被继承人所留遗产的产权证明，如房产所有权证书、银行存款单、股票号码与数额等；④被继承人生前立有遗嘱的，当事人应提交遗嘱原件；⑤当事人与被继承人关系的证明，代位继承人申办公证的，还应提供继承人先于被继承人死亡的证明以及本人与继承人关系的证明。

第四，传承成本、税务压力。从遗产税的角度来看，全球 2/3 的国家或地区征收遗产税。征税的原则有的按照属地原则，有的按照属地兼属人原则，部分国家及地区征税原则如表 1-3 所示。

表 1-3 部分国家及地区征税原则

国家或地区	征税原则	个人所得税	资本利得税	遗产税
中国	属地+属人	最高 45%	证券投资 20%	未来很有可能
美国	属地+属人	联邦最高 40%	20%	40%~50%
新加坡	属地	最高 20%	已废止	已废止
中国香港	属地	17%	已废止	已废止
加拿大	属地+属人	联邦最高 29%	资本利得 50%	0
澳大利亚	属地+属人	最高 45%	按一般所得税	0
新西兰	属地+属人	最高 33%	0	最高 25%

资料来源：①李永刚. 境外遗产税制度及其启示［J］. 国家行政学院学报，2015（1）。

②世界各国遗产税房产税一览表，详见 http：//huabingxiao. blog. caixin. com/archives/61879。

遗产税最高边际税率在 40%~50%的国家有英国、美国、捷克、芬兰、冰岛、卢森堡。最高边际税率达到 50%以上的国家有瑞典、奥地利、比利时、法国、德国、希腊、日本、韩国、荷兰和葡萄牙。

中国遗产税开征是大势所趋。

国务院批转的《关于深化收入分配制度改革的若干意见》中曾要求，研究在适当时期开征遗产税问题。北京师范大学中国收入分配研究院报告建议遗产税以 500 万元起征，认为我国征收遗产税的条件已经具备，而且开征遗产税有利于“富二代”独立。

如果遗产总额是 3000 万元，遗产税依照《中华人民共和国遗产税暂行条例（草案）》的《遗产税五级超额累计税率表》计算征收，该缴多少遗产税呢？如表 1-4 所示。

表 1-4　遗产总额为 3000 万元时的遗产税计算

单位：万元

五级累进制	每级净额	适用税率	税额	速算扣除	此档遗产税	累计遗产税	综合税率
80	80	0	0	0	0	0	0
200	120	20%	24	5	19	19	9.5%
500	300	30%	90	25	65	84	16.8%
1000	500	40%	200	75	125	209	20.9%
1000 以上	2000	50%	1000	175	825	1034	34.5%

资料来源：根据《中华人民共和国遗产税暂行条例（草案）》第十一条遗产税依照本条例所附的《遗产税五级超额累进税率表》计算。

1034 万元的遗产税不是最大的问题，最大的问题是需要现金进行支付，哪个家庭会储备这么多现金。如果过世时有大量财产，继承人又无现金，将造成继承灾难。所以在做遗产税的税务筹划时，保险作为杠杆资产的价值无可替代。如果不做筹划，3000 万元的遗产扣除税金 1034 万元，最终到手的资产仅有 1966 万元。

第五，其他风险。比如信息披露、保密性丧失、债务人追债、子女争产等经常见诸报端。

第二节　公司持有资产的风险

一、企业组织形式的选择风险

第一，个体工商户的法律风险。《中华人民共和国民法通则》第二十九条提到，个体工商户、农村承包经营户的债务，个人经营的，以个人财产承担；家庭经营的，以家庭财产承担。可见法律对于个体工商户的债务，直接规定由个人承担，或者家庭承担。换句话来说，用个体工商户的方式去创造财富，丝毫没有降低个人和家庭财富面临的风险。

第二，合伙企业的法律风险。合伙企业包括普通合伙企业，以及有限合伙企业。普通合伙企业由普通合伙人组成，合伙人对合伙企业债务承担无限连带责任。有限合伙企业由普通合伙人和有限合伙人组成，普通合伙人对合伙企业债务承担无限连带责任，有限合伙人以其认缴的出资额为限对合伙企业债务承担责任。合伙企业的生产经营所得和其他所得，按照国家有关税收规定，由合伙人分别缴纳所得税。这个机制可以帮助民营企业主去规避一部分的个人所得税，也可以保障企业主对企业的控制权。

第三，有限责任公司的法律风险。有限责任制度是企业主以及其家庭与公司间的一道“防火墙”，公司是企业法人，有独立的法人财产，享有法人财产权。公司以其全部财产对公司的债务承担责任。

但有限责任制度的适用，它是有着非常严格的适用前提的。首先，它要求企业主或股东和公司人格彼此独立，要相互分离。如果两者之间不分彼此，就会让企业主或股东面临承担公司债务的风险。其次，它要求企业主或股东依法合规经营。如果企业主或股东在经营当中有一些失误，行为不恰当，形成违法违规，那么企业主或股东还是要用个人或者家庭的财富，去偿还企业的债务。

二、企业主与公司身份混同的风险

第一，家企不分、公私不分的风险。企业主如果在家庭资产和企业资产之间未做应有隔离，而是对两者加以混同，一旦被竞争对手抓住了这个弱点，最后企业主面临两大风险：其一，刑事风险，比如职务侵占罪、挪用资金罪、抽逃出资罪；其二，个人的家庭资产要去偿还企业债务。

第二，关联公司混同的风险。关联公司混同，即关联公司人格混同，当企业主考虑利用法人结构去进行分流利润，去避税的时候，千万要避免出现“多块牌子，一套人马”的问题。如果在企业的经营过程中，多个法人企业出现了混同，严重到人格混同的程度，就会导致企业之间要承担连带清偿责任。

关联公司人格混同主要表现为以下三种形式，包括组织机构混同、公司间财产混同和经营业务混同。①组织机构混同，公司之间如果具有相同的公司管理人员、相同的工作人员、相同的办公场所、相同的电话号码等情形，一般可认定为公司组织机构混同。②财产混同，公司财产独立是公司人格独立的基础，只有在财产独立的情况下，公司才能以自己的财产独立地对其债务负责。③业务混同，公司之间从事相同业务活动，各业务活动不以公司独立意志支配。

第三节　资产代持风险

一、代持人不忠风险

资产实际所有人出于安全的考虑，往往会寻找信任的第三方，如亲属、朋友甚至于公司的财务等代持资产，认为这些代持人忠诚可靠，资产放在他们那里不会有大的风险。

在实际案例当中，我们会发现，委托人通常不会跟代持人去签一份法律文件，基本上不会有。就算有协议，一般的代持协议法律效力较低甚至还会出现订立的内容无效的情况，所以如果代持人真的把这个代持的资产据为己有，可能委托人本身没有办法把资产要回来。

好的代持结构是用法人、机构来代替自然人的代持。例如，选择专业的资产管理公司来持有股权，或者选择境外免税地区设立离岸公司，通过层层设计的股权结构来持有股权。

二、代持人婚变风险

王某甲与王某乙等五人签订代持股协议书，由王某甲代为持有。王某甲与其妻子刘某离婚就其名下材料公司的股权分割发生纠纷，并且刘某明知该代持情形，结果法院认定该股份为夫妻共同财产进行分割[①]，如图 1-1 所示。

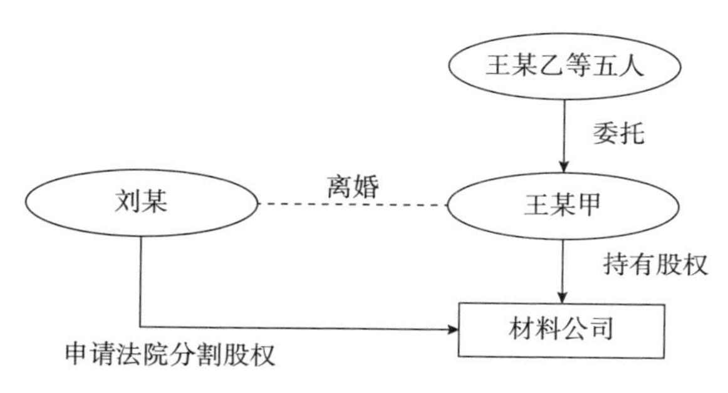

图 1-1　代持人婚变风险情形

三、代持人意外风险

如果代持人意外死亡，则其名下的代持资产将有可能涉及继承的法律纠纷。就算代持人是其父母/岳父母，如果代持人不幸离世，代持人代持的资产就会变成代持人的遗产，成为遗产以后，父母/岳

---

① 原一审原告刘某与原一审被告王某甲离婚后财产纠纷一案，（2014）宁民再终字第 12 号。

父母的继承人就会继承这笔遗产，这个时候就算与父母/岳父母签订了代持协议，也仅是约束合同双方，对父母/岳父母的继承人是没有效力可言的。

四、代持人负债风险

余某与蒋某签有隐名投资协议，由余某代为持有实业公司的36%股权。后余某对张某存有负债，2007 年张某申请法院强制执行余某所持实业公司的股份。期间，蒋某提出异议，并申请仲裁获得了确认该36%股权为蒋某的裁决①，如图 1-2 所示。

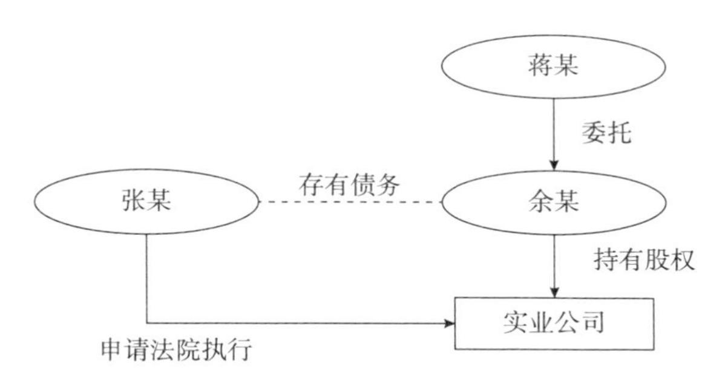

图 1-2　代持人负债风险情形

代持其实是一种自欺欺人的做法，因为它不但没有隔离风险，反而创造了更多的风险。代持人本身的婚姻关系变化、债务情况、人身意外等，都会影响到代持的效果。

最后也是最需要考虑的，就算代持没有出现上述风险，但代持的时间再长，也做不到永远。总有一天代持资产会被转回，如果那时候开征了遗产税和赠与税，就又迎来了税收风险。

① 蒋某与张某、余某因仲裁确认的隐名股东申请解除对显明股东名下股权查封措施复议案，江苏省高级人民法院二审，《江苏省高级人民法院公报》2009 年第 3 辑。

第二章

如何用架构化解风险

第一节　常见的四种资产持有架构

资产持有架构是指能按照原资产所有者的意愿，替代其持有资产、分离权力（利）、承担义务、管控资产来实现投资、税务、保护、传承等功能的机构和金融工具。

通俗地讲，就是通过设立架构，实现资产不在你名下，却能为你所控制和使用，既能利己又能利他，既能扬善又能惩恶，并且通过架构的法律属性隔离风险，实现资产的有效保护和传承。

一、公司架构

公司之所以适合作为资产持有架构，主要源于公司具有以下四个功能。

（一）公司拥有独立财产

因为公司具有独立的法律人格（Separate Legal Personality），所以公司可以作为持有架构，拥有独立的法人财产，开设账户，签署合约，进行交易，通过每日的投资和资产管理活动来实现股东利益最大化，在侵权、合同、税务或刑事犯罪中承担法律责任，直接以公司的名义上诉和被起诉。

离岸公司可以为了盈利之外的某种特殊目的而设立，即特殊目的公司（SPV），比如资产保护、遗产规划、税务安排、保密安排等，更加强化了公司的资产持有功能。

（二）隔离保护：公司的有限责任和两权分立

公司依法成立，在法律上具有独立人格，使公司成为一个独立的实体，与其成员的人格相互独立，用公司“面纱”把股东和公司隔离开来。公司以其全部财产对公司的债务承担责任。公司可以实现两权分立，公司资产所有权归属股东，公司业务的管理和控制权归属董事。

离岸公司的股东可以是一个人，即私人有限公司（The Private Limited Company）。个人可以通过认缴方式、新股发行和股份转让的方式成为离岸公司的股东。离岸公司的首届董事在公司设立时由认购人任命，后续董事按照公司章程规定通常由股东大会通过普通决议任命。离岸公司服务商（CSP）可以提供代名股东和董事。

（三）公司是税务优化的主体

税收是国家宏观调控的重要手段，政府有权通过对纳税义务人、纳税对象、税基、税率做出不同的规定，引导纳税人采取符合政府导向的行为。公司作为纳税人，可以在其做出决策之前，明确国家的立法意图，设计多种纳税方案，并比较各种纳税方案的不同税负，挑选出能使公司整体效益达到最大的方案来实施。

离岸公司具有税务筹划的功能，理论上说实益所有人（Beneficial Owner）不再是资产的主人，用离岸公司持有资产，如果利润未分配，离岸公司无须缴纳税款。但在现实操作中，由于 GAAR（General Anti-Tax-Avoidance Rules）的限制和各国 CFC 制度的推出，离岸公司越来越透明，用离岸公司做税务优化很容易被穿透，所以离岸公司常常和离岸信托等结合起来，成为合理、合法、合规的税务优化结构的一部分。

（四）公司可以永续经营

公司这种组织形式完全脱离了个人色彩，是资本的永久性联合，股东的个人生存安危不影响公司的正常运营。也就是说，公司是可以永续存在的，用公司持有资产可以做到“我的遗产不是遗产”。

二、保险架构

保险是以人的身体和寿命为标的的法律关系组合，一份科学的保单设计需要做好投保人、被保险人和受益人的选择和设定，同时结合适当的保险产品，才能做好有效的风险防范。

（一）投保人持有保单

投保人是指与保险人订立保险合同，并按照合同约定负有支付保险费义务的人。投保人具有完全的民事权利能力和相应的民事行为能力，投保人以自己的名义与保险人订立保险合同并且缴纳保费，在离岸，保费支付人和保单持有人可以是不同的人。

投保人须对保险标的具有保险利益，根据《中华人民共和国保险法》第三十一条，保险利益源于血缘关系、劳动关系和被保险人同意的其他情形。公司作为投保人是源于劳动关系，信托作为投保人是源于“被保险人同意的其他情形”。

投保人有权变更受益人（被保险人未成年），被保险人成年受益人变更需要被保人同意。投保人有权变更投保人，投保人变更需要被保人同意。投保人有权解除合同。投保人有权申请保单贷款，但是需要成年被保险人书面同意（可以通过书面授权方式，一次性授权）。

（二）受益人享有受益权

受益人是指在人身保险合同中，由投保人或被保险人指定的，享有保险金请求权的人，受益人只有权利没有义务。生存受益人就是被保险人本人，身故受益人是被保险人以外的亲属，通常在保单明确指定。通常可以指定一人或者多人为受益人。指定多人时，可以确定受益顺序和受益份额。如果没有设定份额的受益人按照相等份额确定受益权。考虑到领取受益金时，程序上需要受益人同时到场签字。可以适当分拆保单，尽量做到同一顺序受益人只有一人。

（三）被保险人享有收益权

被保险人在人身保险合同中是指人身受保险合同保障，享有保险金请求权的人。投保人也可以为自己投保，成为被保险人。被保险人是保单的生存受益人，具有保险金请求权。被保险人有权利指定或变更受益人，变更投保人必须经过被保险人同意。保单贷款必须通过被保险人书面同意。

（四）保障杠杆和财务杠杆

保障杠杆是保险的独特优势，保障额度与保障成本相比能达到几倍、几十倍甚至几百倍，比如意外保险、定期寿险、医疗保险，几百元可以保障几十万元。

生命 IPO 是应用保障杠杆保障生命和健康的一种诙谐说法，即以很小的代价（保障成本）利用保险的保障杠杆把自己的身价（保障额度）提高，以弥补失去生命和健康的财务损失。

财务杠杆是通过时间和复利来实现的。“复利计息”只是客户处置分红或者返还生存金的一种选择，如果不选择取出，可以将这部分资金用于“抵缴保费”或“增加保额”。不过在实际操作中，由于“复利生息”产生的收益较为明显，除非要取出作为他用，80%的客户都会选择将分红或生存金进行“复利计息”。

因为保险公司每年的资金利用效率不同，分红率不同，所以“复利计息”的利率不是固定不变的，但是基本上都会高于“保底利率”，严格地讲，保险的复利客户自己是计算不出来的。

三、信托架构

2001 年 10 月 1 日生效的《中华人民共和国信托法》（以下简称《信托法》）指出，信托是指“委托人基于对受托人的信任，将其财产权委托给受托人，由受托人按委托人的意愿以自己的名义，为受益人的利益或者特定目的进行管理或者处分的行为”。

在离岸信托中，信托制度源于普通法系，信托表现为一种法律关系，受托人为了受益人的利益而持有财产，享有信托财产的法律所有权，受益人享有信托财产的衡平所有权，受托人要遵守信托契约和其他法律义务。

（一）受托人拥有信托财产的法律所有权

《信托法》第七条规定：“设立信托，必须有确定的信托财产，并且该信托财产必须是委托人合法所有的财产。”根据《信托法》第二条的规定，委托人基于对受托人的信任，将信托财产委托给受托人，受托人以自己的名义进行管理或者处分。《信托法》的以上规定就是要求委托人将信托财产转移给受托人，受托人拥有信托财产的法律所有权。

离岸信托中，设立人要将资产合法转让给受托人，并创设受托人的衡平义务。为此，信托设立要满足三个确定性：①设立人有设立信托的真实意愿；②有明确的信托资产；③有明确的受益对象。

（二）受益人享有信托受益权

《信托法》第四十三条规定，受益人是在信托中享有信托受益权的人。受益人可以是自然人、法人或者依法成立的其他组织。《信托法》第二十五条规定，受托人应当遵守信托文件的规定，为受益人的最大利益处理信托事务。

由此可见，受托人为了受益人的利益持有财产，按信托文件的规定向受益人支付信托利益，并接受受益人的监督。实践中为了更好地保护受益人的利益，还可以引入保护人的角色，对受托人的管理处分行为进行监督。

在离岸信托中，受益人享有衡平法权利，有对人权和对物权两种。对人权表现为以下三种权利：①如果受托人违约，受益人可以要求受托人履行信托契约；②如果信托财产受损，受益人可以要求受托人承担责任；③信托财产受损，受益人可以要求受托人采取行动，去找破坏信托财产的人求偿。

对物权表现为：如果受托人违反信托契约，错误将信托财产转让给了第三人，受益人可以直接向第三人追索（如果第三人是善意购买者，不知情并支付了合理的市场价格除外）。

（三）受托人负有受信义务和勤勉尽责义务

《信托法》第二十五条规定，受托人管理信托财产，必须恪尽职守，履行诚实、信用、谨慎、有效管理的义务。受托人由于管理不当或违反信托契约致使信托财产受损或者家族事务处理失当，要负赔偿责任。

在离岸信托中，受托人负有受信义务和谨慎义务。受信义务包含三个方面：其一，严格遵循信托契约行事；其二，为了受益人的最大利益行事；其三，对受益人要绝对忠诚。这种忠诚体现在：①受托人要避免利益冲突；②受托人不能利用信托为自己谋私利；

③受托人不能自我交易。

谨慎义务是指受托人要谨慎、勤勉、尽责，像管理自己的资产一样投资和管理信托资产；受托人应该适用更高的标准，管理信托财产要有专业人士的专业度。

（四）信托财产独立性与风险隔离

《信托法》第十五条规定："信托财产与委托人未设立信托的其他财产相区别"，《信托法》第十六条规定"信托财产与属于受托人所有的财产相区别，不得归入受托人的固有财产或者成为固有财产的一部分"，"受托人管理、运用、处分不同委托人的信托财产所产生的债权债务，不得相互抵销"。以上规定明确了信托财产的独立性。《信托法》确立的信托财产的独立性为信托架构构筑了一道安全的防火墙，有效地隔离了信托财产与委托人的其他财产、信托财产和受托人的固有财产、此信托财产和彼信托财产。

离岸信托通过设立信托的两个转让来实现信托财产的独立性和风险隔离。第一个转让是指设立人将信托财产的法律所有权转让给受托人，将信托财产的衡平所有权转让给受益人；第二个转让是指设立人将资产合法转让给受托人，即将资产装进信托。

四、基金会架构

基金会是独立的法人实体，没有股东，由发起人发起，经登记注册后成立。基金会的资产来源于捐赠，所有权归属基金会，由基金理事会按照基金会宪章和章程为了受益人的利益或其他目的而持有、管理和分配。

包括我国在内的大多数国家立法都将基金会作为基于捐赠财产成立的、非营利性的法人组织，主要功能为实现公益、慈善。2004年《基金会管理条例》出台，条例明确规定了基金会内部治理、财务会计制度和善款使用等内容。全国很多省份下放基金会登记管理权限，在市县级民政部门就可以注册非公募基金会。

2016 年 3 月《中华人民共和国慈善法》颁布，满足条件的基金会可以申请公开募捐资格，取得募捐资格的就可以开展公开募捐，未取得公开募捐资格的，只能开展定向募捐。

2016 年 5 月，《基金会管理条例（修订草案征求意见稿）》删除公募基金会和非公募基金会的分类。

私人基金会起源于列支敦士登，1926 年颁布《人与公司法》，首次将基金会分为以慈善为目的的公共基金会和以私人利益为目的的私人基金会。1995 年以后各国及离岸地逐渐引入基金会制度，并进行相关立法。非离岸地包括奥地利、比利时、保加利亚、芬兰、德国、匈牙利、希腊、意大利、荷兰、瑞典、列支敦士登、瑞士、挪威、土耳其等；离岸地包括根西岛、泽西岛、马恩岛、巴哈马、圣基茨、尼维斯、瓦努阿图、马耳他、安提瓜、安圭拉、荷属安地列斯群岛等。

（一）基金会是独立的法人实体

发起人起草基金会宪章和章程后，向基金注册处提交申请，审理通过后登记、造册、发证。基金会具有法律主体资格，实施民事行为，承担法律责任。

（二）基金会财产独立

基金会设立需要满足最低资本金要求，基金会的财产来源于发起人和第三方向基金会的捐赠，捐赠财产所有权归属基金会，彻底与外界隔离。

基金会财产独立于发起人、受益人、保护人、理事会成员的财产。基金会适用基金会注册地的法律，一般无视其他法域的强制继承、配偶索偿和当地判决，具有非常强大的资产保护能力。

（三）基金会关注发起人利益

基金会由发起人设立，主要关注发起人的利益，发起人可以通过基金会宪章和章程保留大量权力来保护家族资产代代相传；基金会由理事会管理，受益人受益，便于开展慈善活动、实现企业股权集中和保障家人生活。

（四）基金会税收待遇

以公益为目的的基金会可以获得税收减免，比如列支敦士登基金会接受或提供的捐赠资产，在列支敦士登是不需要纳税的，对于其他的基金会，则按照收入征税。

第二节　资产持有架构的规划目标

一、规划目标 4P2R

客户使用架构来持有资产的目的，就是达到投资规划、税务筹划、资产保护、遗产规划和简化资产申报的目标。

二、投资规划（Investment Planning，IP）

投资规划指的是根据客户投资理财目标和风险承受能力，为客户制订合理资产配置方案，构建投资组合来帮助实现理财目标的过程，投资规划所追求的是税后收益最大化。

三、税务筹划（Tax Planning，TP）

“税收筹划”又称“合理避税”。它来源于1935年英国的“税务局长诉温斯特大公”案。当时参与此案的英国上议院议员汤姆林爵士对税收筹划做了这样的表述：“任何一个人都有权安排自己的事业。如果依据法律所做的某些安排可以少缴税，那就不能强迫他多缴税收。”这一观点得到了法律界的认同。经过半个多世纪的发展，税收筹划的规范化定义得以逐步形成，即“在法律规定许可的范围内，通过对经营、投资、理财活动的事先筹划和安排，尽可能取得节税（Tax Savings）的经济利益”。

四、资产隔离保护规划（Asset Protection Planning，AP）

资产保护是指客户充分利用各个法域的法律规则，借助架构的法律属性，合法隔离债务人追索、税局追税、不满的前妻、失意的法定继承人等风险，保护资产安全。

五、遗产规划（Estate Planning，EP）

遗产规划是指客户在世时通过选择合适的遗产管理工具，制订遗产分配方案，将拥有或控制的各种资产或负债进行安排，确保在自己去世或丧失行为能力时能够实现家庭资产的代际相传或安全让渡等特定目标。

六、CRS 申报（CRS Reporting）

CRS 针对全球“非税务居民”在当地的金融账户信息进行申报，

以提升税收透明度和打击跨境逃税。

CRS 覆盖的海外机构账户：几乎所有的海外金融机构，包括银行、信托、券商、律所、会计师事务所、提供各种金融投资产品的投资实体、特定的保险机构等。CRS 覆盖的资产信息：存款账户、托管账户、有现金的基金或者保险合同、年金合约，都要被交换。CRS 覆盖的个人信息：你的账户、账户余额、姓名、出生日期、年龄、性别、居住地，都要被交换。

如果是个人持有金融账户，申报主体就是个人，个人需要申报“个人信息+金融账户”信息。

如果公司实体（Entity）持有金融账户，经过 Type-B 测试被认定为 FI（Financial Institution）的，由 FI 申报金融账户余额；经过 Type-B 测试被认定为 NFE（Non-Financial Entity）的，则须申报公司实体的实际控制人（Beneficial Owner，BO）信息。

实践当中，由顶层架构（经常是信托）来进行 CRS 申报可以起到简化申报的作用，并通过信托设立人的身份规划，改变 CRS 申报方向到中岸（中国香港、新加坡等），可以起到保护隐私和税务筹划的作用。

七、当地税务和资产申报（Local Tax and Asset Reporting）

当地税务和资产申报主要针对税务居民，如果客户成为一个国家或者地区的税务居民，就必须履行此项义务。

以加拿大为例，如果成为加拿大的税务居民，纳税人全世界的收入都应向加拿大政府缴税，包括海外投资、租金收入、工作收入等。根据加拿大税法 233.3 条的规定，加拿大税务居民在下列四种情况下需要填报海外资产的情况：①成本价在 10 万加拿大元以上的海外资产（T1135）；②在海外持股 10%以上的附属企业（T1134）；

③转移或者贷款给海外信托（T1141）；④由海外信托接受分配或者借款（T1142）。

忘记申报的罚款是每个申报表最高2500加拿大元，瞒报的罚款是每个申报表每年最高12000加拿大元。需要申报的资产包括：①海外现金和存款，包括银行存款、汇票、商业票据；②海外私人公司或者上市公司的股票；③海外的债权，如他人的欠款，公司和政府的债券、贷款；④海外信托权益；⑤海外用于出租的物业；⑥注册账户下的海外投资（Registered Account with Foreign Investment）；⑦其他海外资产，如贵金属、金银票据、期货合同、海外的无形资产。需要注意的是，即使是无须申报的资产产生的税务收入也需要缴税。

第三节　资产持有架构概述

一、资产持有架构的基石

客户之所以选择架构来持有资产，就是为了能按照自己的意愿来管控资产，达到资产持有的4P2R功能。通俗地讲，客户通过设立架构，实现资产不在自己名下，却能为自己所控制和使用，既能利己又能利他，既能扬善又能惩恶，并且通过架构的法律属性隔离风险，实现资产的有效保护和传承。

在前面所提到的四种常用架构中，每种架构都有自己的独特优势，但也有自己的显著不足。公司架构“长”于资产管控，却“短”于保护、传承。保险架构“长”于保障和留权（管控），“中”于税筹、传承，“短”于投资、隔离保护和税务申报。信托“长”

于隔离保护和财富传承，“中”于投资、税筹和资产申报，“短”于留权（管控）。基金会虽然兼具信托与公司的优点，但开户难、判例少、认可度低（时间短且大多用于公益目的）。由此可见单独使用其中任何一种架构，都很难同时兼顾投资、税务、保护、传承和资产申报等功能，只有将这几种架构组合在一起才能实现强大的功能。

实践中客户通过设立“保险+信托”的架构来持有资产，能够很好地做到优势互补，实现4P2R功能，备受高端客户喜爱。通过保险架构保留权利，放大保额，改变传承资产性质：保险=保障+留权+存钱（IP）+税筹（TP）+隔离保护（AP）+传承（EP）+CRS。通过信托架构释放权利，家庭做主，强化资产隔离效果：信托=投资（IP）+税筹（TP）+隔离保护（AP）+传承（EP）+CRS。在离岸的情况下，比较常见的情况是将离岸信托和离岸公司结合起来，强化资产管控和税务规划，实现投资（IP）+税筹（TP）的目标。“保险+信托”是整个资产持有架构的基石，能够帮客户实现更优的税后回报、更强的资产保护、更好的税务规划、更棒的遗产规划和简化资产申报所带来的隐私保护。

二、资产持有架构的八种模型

“保险+信托”作为资产持有架构的基石，可以根据客户生态位和需求的不同演化成实践中常见的八种架构，如图2-1所示。

我们可以用上面提到4P2R目标来对这八种持有架构做一下简明比较分析，保单所涉及的所有权、控制权和受益权等并未列出，如表2-1所示。

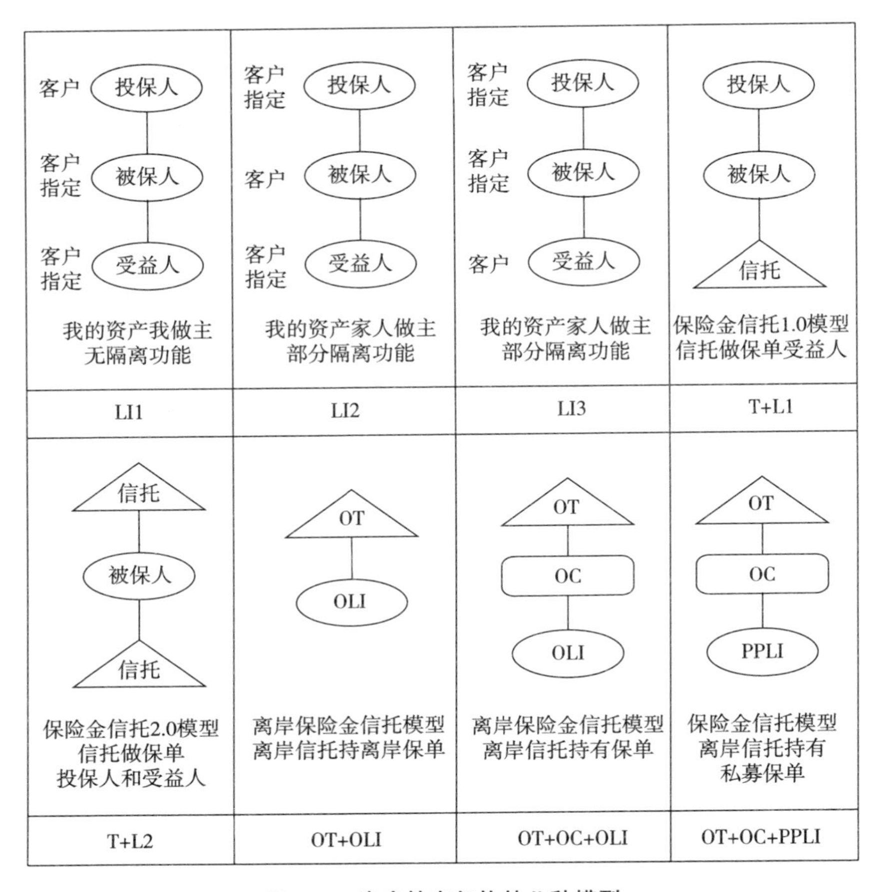

图 2-1　资产持有架构的八种模型

资料来源：笔者根据实践中保险架构、信托架构和海外资产保护架构的组合应用整理而成。

表 2-1　4P2R 目标下对八种持有架构的分析结果

类型	Leverage	IP	TP	AP	EP	FATCA/CRS
LI1	✓	✓✗	✓✗	✗	✓✗	✗
LI2	✓	✓✗	✓✗	✓✗	✓✗	✗

续表

类型	Leverage	IP	TP	AP	EP	FATCA/CRS
LI3	✓	✓/✗	✓/✗	✓/✗	✓/✗	✗
T+L1	✓	✓/✗	✓/✗	✗	✓	✗
T+L2	✓	✓/✗	✓/✗	✓	✓	✗
OT+OLI	✓	✓/✗	✓	✓	✓	✓/✗
OT+OC+OLI	✓	✓	✓	✓	✓	✓/✗
OT+PPLI	✓	✓	✓	✓	✓	✓/✗

在后面两章我们会详细学习这八种架构的设计要点和优缺点。

第四节　资产持有结构的 FATCA/CRS 申报

一、FATCA、CRS 基本逻辑

海外账户税收遵从法案 FATCA（Foreign Account Tax Compliance Act）俗称“肥咖法案”，是美国在 2012 年通过的，于 2013 年 1 月正式生效。

FATCA 要求全球金融机构向美国通报美国人在海外的金融账户信息（当资产超过 5 万美元时），以供美国政府查税，目的是确保美国人交美国税（US Person Pay Their Taxes），同时，对未加入的外国金融机构（Foreign Financial Institution，FFI）实施制裁。

针对 FFI，美国早在 2001 年 1 月就推出了合格金融中介（Qualified Intermediary Rules，QI）制度，要求在美国投资的非美金融机构 QI（在 FATCA 中被称作 FFI）披露他们客户的信息，也就是那些账户所有人的信息，来确保美国政府或者中间代扣代缴机构可以合理征收预扣税（Withholding Tax），如表 2-2 所示。

表 2-2 美国预扣税（Withholding Tax）制度

税率	征收对象
0%	针对那些税务豁免的机构，如慈善机构或者慈善基金会等
15%	针对那些和美国之间签订双边税收协定的司法区域
30%	针对无税务豁免和/或无双边税收协定的司法区域

资料来源：Withholding of Tax on Nonresident Ailens and Foreign Enties，详见 https：//www. irs. gov/pub/irs-pdf/p515. pdf.

FATCA 法案扩大了申报范围，不再局限于投资美国的 FFI，只要是 FFI，不管投资美国还是投资其他国家和地区，都需要申报，美国人交美国税，非美国人交预扣税（仅对美国收入来源）。

（一）FATCA 的信息交换模式

各国政府直接与美国签署《跨政府协议》（Inter Government Agreements，IGAs），包括两种模式。

模式一（Model 1）：要求 FFIs 将相关涉税信息申报给缔约国政府，缔约国政府再交给美国税务局（IRS）。如果两国政府签署的是相互交换协议，即 Model 1A，例如美国和英国，两国政府将互换本国客户的信息；如果是单边交换协议，即 Model 1B，例如美国和开曼，开曼单向交换至美国。

模式二（Model 2）：要求 FFIs 将相关涉税信息直接申报给美国 IRS，即金融机构直接向美国 IRS 申报，比如美国和瑞士的协议。

（二）FATCA 申报分析流程

申报的分析流程有五个步骤，总结起来就是“三确定”：第一，确定谁来报；第二，确定报什么；第三，确定是否报实际账户持有人，如表 2-3 所示。

表 2-3 FATCA 申报分析流程步骤

序号	确定	分析流程	判定
1	谁来报	是实体（Entity）吗？信托也会被看作实体（Entity）吗？	是
2		是金融机构（Financial Institution，FI）吗？	是
3		是签订 FATCA 的外国金融机构（FFI）吗？	是
4	报什么	这个 FFI 下有金融账户（Financial Account）吗？	是
5	是否报实际持有人	由美国人持有吗？	报
		由 Entity 持有吗？Entity 是 Passive NFFE？背后是美国人？	报
		由 NPFI（Non-Participating Financial Institution）持有？	报
		由其他 FFI 持有？	不报

资料来源：FATCA-Regulations and Other Guidance，详见 https：//www. irs. gov/businesses/corportations/fatca-regulations-and-other-guidance.

（1）谁来报。FATCA 下只有签约外国（非美）金融机构（FFI）才有申报义务。FFI 包括储蓄机构（比如储蓄银行、商业银行、信用社等），托管机构（比如托管银行、证券经纪、信托公司、清算机构、中央证券托管机构等），投资机构和保险机构（比如保险公司和再保险公司）。

投资机构分为以下三种类型。A 类（Type A）：主要业务是代表他人投资（比如钱、基金、其他金融资产）。B 类（Type B）：同时满足两项测试，①超过50%的利润来自金融资产投资与交易（Gross Income Test）；②由其他金融机构管理（Managed By Test）。比如离岸资产持有公司（Offshore Asset-holding Company），其收入超过50%来自投资收入，满足 Gross Income Test；被其他金融机构管理［公司董事为持牌“秘书公司”（Corporate Service Provider，CSP）］，满足 Managed By Test，同时满足两项测试即被认定为B类（Type B）的FI，FI作为申报主体申报，不需要交换实际所有人信息。如果不同时满足这两项测试，就是消极非美金融实体（Passive NFFE 或 Non-financial Foreign Entity），需要交换金融账户信息和实际所有人个人信息。C类（Type C）：本质上是一种集合投资工具，比如公募基金、私募基金或类似的投资工具。

（2）报什么。需要申报的金融账户包括存款账户、托管账户、股票债券投资账户、股权收益、信托受益人、单一信托（Unit Trust）、具有现金价值的保险合约、年金合约。

（3）是否报账户实际所有人。①美国人持有需要报。美国人包括美国护照持有人、居住在美国的人，也包括美国有限合伙企业、美国本地公司、美国信托。实际操作中大大扩大了美国人的范围，识别美国印记，比如美国护照、美国居民、住在美国、出生在美国、有美国常驻地址、从美国账户注资和转账、由美国身份的人代签字等，凡是有美国印记的人都要报。②美国人控制的消极非金融实体（Passive NFFE）持有需要报。实体（Entity）可以是积极的（Active）或者消极（Passive）的，消极实体（Passive Entity）只要超过50%的收入来自投资或金融交易，就会被判定为消极非金融实体（Passive NFFE）。消极非金融实体需要报实际所有人信息。③没有参与FATCA的那些金融机构（Non-Participating Financial Institution，NPFI）持有需要报。

（三）FATCA 申报流程

实践中，FATCA 申报始于客户踏入金融机构填表之时。

FFI收集的个人信息包括姓名、地址、US税务识别号（Tax Identification Number，TIN），如果账户持有人是实体（Entity），要申报实际控制人信息和账户相关信息，如图2-2所示。

图2-2　FFI收集客户信息流程

资料来源：笔者根据FATCA申报规则整理，详见http：//www. irs. gov/businesses/corporations/fatca-regulations-and-other-guidance.

账户信息包括账户号码、账户余额、财务年中收到或者付出的利息、股息、红利、其他收入和资产等。

（四）CRS信息交换

CRS是学习美国FATCA的产物，信息交换的基本逻辑几乎和FATCA完全相同，其目的是通过参与国家和地区之间交换非税务居民资料，提升税收透明度和打击跨境逃税。

CRS交换模式是本国税局各自收集本国的非税务居民信息，与其他参与国自动交换。CRS申报的分析流程与FATCA流程几乎完全相同，如表2-4所示。

表2-4　CRS申报分析流程步骤

序号	确定	FATCA	CRS
1	谁来报	是实体（Entity）吗？信托也会被看作实体（Entity）吗？	
2		是金融机构（Financial Institution，FI）吗？	
3		是签订FATCA的外国金融机构（FFI）吗？	是参与签订CRS的Reporting Financial Institution（RFI）吗？

续表

序号	确定	FATCA	CRS
4	报什么	这个 FFI 下有金融账户（Financial Account）吗?	这个 RFI 下有金融账户（Financial Account）吗?
5	是否报实际所有人	由美国人持有吗?	由申报人持有吗?
		由 Entity 持有吗? Entity 是 Passive NFFE? 背后是美国人?	由 Entity 持有吗? Entity 是 Passive NFE? 背后是申报人?
		由 NPFI（Non-Participating Financial Institution）持有?	此项无
		由其他 FFI 持有?	由其他 RFI 持有?

资料来源：OECD. 金融账户涉税信息自动交换实施参考手册［EB/OL］. http://www.oecd.org/ctp/exchange-of-tax-information/implementation-handbook-stardard-for-automatic-exchange-of-financial-account-information-in-tax-matters.htm，2015.

和 FATCA 一样，如果离岸资产持有公司，其收入超过 50%来自投资收入，满足 Gross Income Test；被其他金融机构管理（公司董事为持牌“秘书公司”，满足 Managed By Test，同时满足两项测试即被认定为 B 类（Type B）的 RFI，RFI 作为申报主体申报，不需要交换实际所有人信息。如果不同时满足这两项测试，就是被动非金融实体（Passive NFE)，需要交换金融账户信息和实际所有人个人信息。

CRS 申报流程也和 FATCA 一样，CRS 申报始于客户踏入金融机构填表之时。

RFI 收集的个人信息包括姓名、地址、税务识别号 TIN，如果账户持有人是实体，要申报实际控制人信息和账户相关信息，如图 2-3 所示。

账户信息包括账户号码、账户余额、财务年中收到或者付出的利息、股息、红利、其他收入和资产等。

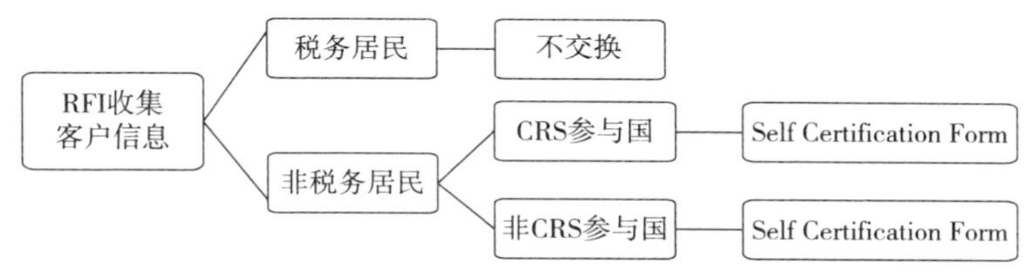

图 2-3　RFI 收集客户信息流程

资料来源：OECD. 金融账户涉税信息自动交换实施参考手册［EB/OL］. http：//www. oecd. org/ctp/exchange-of-tax-information/implementation-handbook-stardard-for-automatic-exchange-of-financial-account-information-in-tax-matters. htm，2015.

二、资产持有架构如何申报

（一）个人持有资产的申报

个人持有资产申报情况如表 2-5 所示。

表 2-5　个人持有资产申报情况

<table>
<tr><th>持有架构</th><th>申报机构</th><th colspan="3">申报账户实际控制人</th><th>申报财务信息</th></tr>
<tr><td rowspan="5">个人持有
金融账户</td><td rowspan="2">银行账户
银行</td><td rowspan="5">个人
信息</td><td colspan="2">银行账户持有人</td><td>银行账户的余额和当年收到的收入、利息总额</td></tr>
<tr><td rowspan="4">保单持有人</td><td>保单所有人</td><td>保单当年现金价值+保单取款数额</td></tr>
<tr><td rowspan="3">保单账户
保单</td><td>受益人</td><td>保单理赔后获得金额</td></tr>
<tr><td>被保险人</td><td>不一定会交换</td></tr>
<tr><td>保费支付人</td><td>不一定会交换</td></tr>
</table>

资料来源：笔者根据 CRS 自动交换规则整理。

（二）个人+离岸公司（OC）架构的申报

如果 OC 通过 Type B 测试被判定为 FI，则由 OC 将账户持有人

（CSP）信息及账户信息进行申报。如果 OC 判定为 NFEE/NFE，则由金融账户对应的金融机构申报 NFEE/NFE 以及背后实际控制人的信息。

如果金融账户对应的 FI 上面还有 FI，由上层 FI 来申报，金融账户对应的 FI 无须申报，如图 2-4 所示。

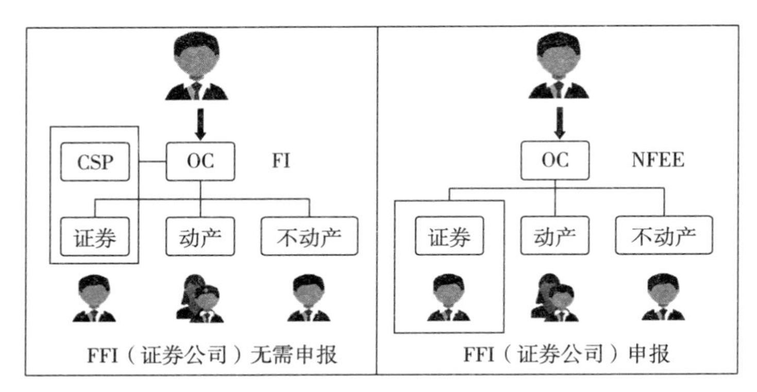

图 2-4　FFI（证券公司）申报情况分析

资料来源：笔者根据 FATCA/CRS 申报规则整理。

（三）离岸信托（OT）+离岸公司（OC）架构的申报

离岸信托（OT）+离岸公司（OC）架构申报情况如图 2-5 所示。

保护人 P
设立人 S
OT
受益人 B
CSP
OC
FI
证券
动产
不动产

机构	类型	申报内容
信托公司	Type A FI	S 设立人：与其他控制人比如保护人 P 申报信托资产总额 B 固权受益人：当年获得分配总额，从信托设立第一年开始申报 B 酌情受益人：不分配不申报；开始分配，申报实际分配数额，并从开始分配起，每年申报
离岸信托	Type B FI	
离岸信托	Type B FI	
银行/券商金融机构	Type A FI	

图 2-5　离岸信托（OT）+离岸公司（OC）架构申报情况

资料来源：笔者根据 FATCA/CRS 申报规则整理。

FATCA/CRS申报时，如果金融账户对应的FI上面还有FI，由上层FI来申报，那么金融账户对应的FI无须申报。所以银行、券商等金融机构的申报义务转到上层离岸公司，离岸公司的申报义务转到上层离岸信托，离岸信托转到离岸信托公司进行申报。

离岸信托的设立人S和其他控制人比如保护人P只需申报信托资产总额。如果受益人B是固权受益人[①]，申报当年获得分配总额，并从信托设立第一年开始申报；如果受益人B是全权信托的酌情受益人，不分配不申报，开始分配后申报实际分配数额，并从开始分配起，每年申报。离岸信托（OT）+离岸公司（OC）架构，将原来每层都需要的申报义务，简化为仅由顶层信托架构进行申报，不仅简化了申报，而且有效保护了隐私。

通过信托设立人S的身份规划，比如将身份规划到中岸地区（中国香港、新加坡等），可以改变申报方向到中岸。因为中国香港、新加坡等中岸地区仅对本地收入来源征税，由此起到保护隐私和税务筹划的作用。

（四）个人+私募寿险（PPLI）架构的申报

个人+私募寿险（PPLI）架构申报情况如图2-6所示。

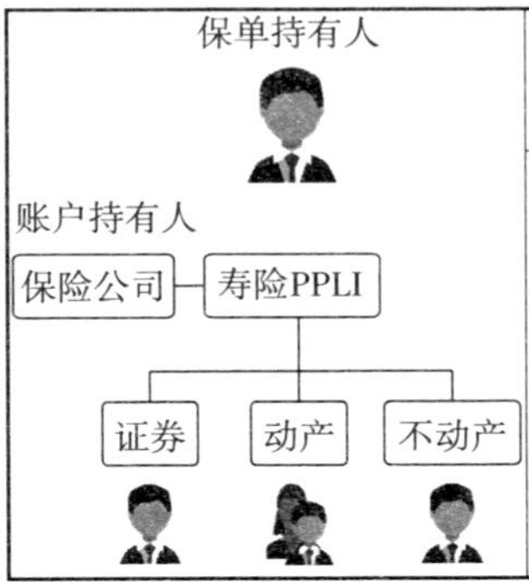

申报机构	个人信息		申报信息
保险公司	姓名、性别、地址、税号、出生日期、地点	保单所有人	保单当年现金价值+保单取款数额
		受益人	保单理赔后获得金额
		被保险人	不一定会交换
		保费支付人	不一定会交换

图2-6　个人+私募寿险（PPLI）架构申报情况

资料来源：笔者根据FATCA/CRS申报规则整理。

① 见信托详述。

保险公司作为金融机构是申报的主体，PPLI 寿险保单作为保护伞很好地保护了下面客户的隐私，只要身故后再将保单现金价值、证券、动产和不动产与寿险保额同时取出，就没有税收负担，税收递延的效果非常好。

虽然作为保单持有人或者受益人需要申报，但如果能将保单持有人的身份规划到中岸地区（中国香港、新加坡等），可以改变申报方向到中岸，因为中国香港、新加坡等中岸地区仅对本地收入来源征税，由此起到保护隐私和税务筹划的作用。

（五）离岸信托（OT）+私募寿险（PPLI）架构的申报

离岸信托（OT）+私募寿险（PPLI）架构申报情况如图 2-7 所示。

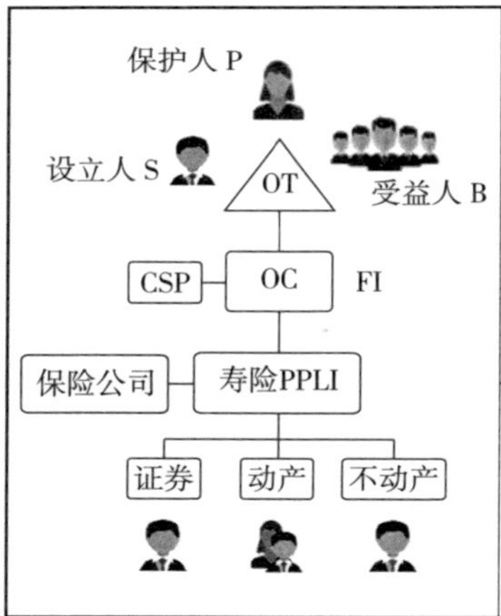

保护人 P
设立人 S
OT
受益人 B
CSP
OC
FI
保险公司
寿险PPLI
证券
动产
不动产

信托公司	Type A FI	S 设立人：与其他控制人比如保护人 P 申报信托资产总额 B 固权受益人：当年获得分配总额，从信托设立第一年开始申报 B 酌情受益人：不分配不申报；开始分配，申报实际分配数额，并从开始分配起，每年申报
离岸信托	Type B FI	
离岸公司	Type B FI	
保险公司	Type A FI	
银行/券商金融机构	Type A FI	

图 2-7　离岸信托（OT）+私募寿险（PPLI）架构申报情况

资料来源：笔者根据 FATCA/CRS 申报规则整理。

FATCA/CRS 申报时，底层银行、券商等金融机构的申报义务转到了保险公司，保险公司的申报义务转到了上层离岸公司，离岸公司的申报义务转到上层离岸信托，离岸信托转到离岸信托公司进行申报。

离岸信托的设立人S和其他控制人比如保护人P只需申报信托资产总额。如果受益人B是固权受益人，申报当年获得分配总额，并从信托设立第一年开始申报；如果受益人B是全权信托的酌情受益人，不分配不申报，开始分配后申报实际分配数额，并从开始分配起，每年申报。

三、跨境逃税与反洗钱

逃税（Tax Evasion）是指纳税人违反税法规定不缴或少缴税款的非法行为。主要表现有虚假申报（Falsely Disclose）、隐匿财产（Conceal）。

逃税分为境内逃税（Domestic Tax Evasion）和跨境逃税（Foreign Tax Evasion），逃税常常会引发洗钱罪。

所谓洗钱（Money Laundering）是指隐藏（Conceal）、伪装（Disguise）、犯罪所得（Proceedings of Crime）或非法钱财（Dirty Money），使其看起来有合法的来源（Lawful Provenance），可以重新进入金融系统。

犯罪所得必须是实施上游犯罪（Predicate Criminal Offense）的所得，没有上游犯罪也就没有后续将其所得合法化的洗钱行为。

什么类型的犯罪会被判定为上游犯罪呢？每个国家的规定不一样，有的适用CJA模型（An Early English Criminal Justice Act 1993 Model），有的适用POCA模型（The Modern English Proceeds of Crime Act 2002 Model）。

按照CJA模型，上游犯罪是指应被起诉的严重犯罪（Indictable Crime）。只要跨境逃税在本国（Home Jurisdiction）被定义为上游犯罪，就是洗钱犯罪。

根据 POCA 模型，上游犯罪是指所有犯罪行为（All Criminal Offense）。只有跨境逃税在本国（Home Jurisdiction）和所在国（Jurisdiction Takes Place）同时被认定为犯罪行为才是洗钱犯罪。

在离岸地的百慕大、巴哈马、加勒比等免税（Nil Tax）地，跨境逃税本身不是犯罪，因为所在国不需要交税，谈不上犯罪。只有在本国存在虚假和欺诈报税（Domestic False or Fraudulent Tax Return）的情况下才是上游犯罪，构成洗钱犯罪。

但是在免税地开曼和低税地泽西、根西、瑞士、中国香港和新加坡，只要是跨境逃税就会被认定为上游犯罪，构成洗钱罪。

（一）CDD & EDD

个人或者金融服务公司明知或者怀疑所得是犯罪所得，仍然协助他人保留（Retain）、隐藏或伪装这些犯罪所得，就属于洗钱犯罪。所以在业务启动之前必须做尽职调查 CDD（Customer Due Diligence），比如调查核实客户的身份信息、地址信息、资金来源、投资目的、税务意见函、资可抵债证明等。

如果客户是政治敏感人物（PEP）或者是 PEP 的亲属、公认密友或者客户来自被管控的敏感行业（比如军火商、赌场、珠宝商、艺术品做市商等）或者客户来自反洗钱金融行动特别工作组（Financial Action Task Force on Money Laundering，FATF）认证的高风险国家，就要进行增强尽职调查 EDD（Enhanced Due Diligence）。

（二）可疑交易申报

当发现客户或者怀疑客户有洗钱意图时，服务提供商为了防止自己违反反洗钱义务，必须提交可疑交易报告（Suspicious Transaction Report，STR）和可疑活动报告（Suspicious Activity Report，SAR）给反洗钱主管（Money Laundering Reporting Officer，MLRO），由 MLRO 报告给当地反洗钱机构（Money Laundering Authority，MLA）。

提交可疑交易报告后要防止泄密给客户，这样不会违反对客户的保密义务，因为立法规定了“吹哨人”免责（Exoneration for “Whistle-blowers”）条款，这样做不会被认为是泄露客户信息。在得到MLA的确认之前，不能继续分配账户内资金，如果涉及反恐怖主义融资，必须冻结账户内的资金。

第三章

保险架构详述

第一节 人身保险架构的主要角色及责、权、利

一、保险人、投保人、被保险人、受益人

人身保险架构的主要角色有保险人、投保人、被保险人和受益人。

其一，保险人。保险人是指与投保人订立保险合同，并按照合同约定承担赔偿或者给付保险金责任的保险公司。

其二，投保人。投保人是指与保险人订立保险合同，并按照合同约定负有支付保险费义务的人。投保人作为保险合同的当事人，必须具备以下条件：①投保人具有完全的民事权利能力和相应的民事行为能力。②投保人须对保险标的具有保险利益。否则不能申请订立保险合同，已订立的合同为无效合同。③投保人须是以自己的名义与保险人订立保险合同并且缴纳保费。④订立保险合同，保险人就保险标的或者被保险人的有关情况提出询问的，投保人应当如实告知。

投保人拥有以下权利：①投保人有权变更受益人：当被保险人未成年时，通常变更受益人由投保人和被保险人的监护人共同签字；当被保险人成年时，受益人变更需要投保人和被保险人共同签字。②投保人有权变更投保人，变更投保人需要原投保人和新的投保人共同签字。通常保险人会要求原投保人和新投保人同时亲临保险公司柜台办理。③投保人有权解除合同。④投保人有权申请保单贷款，当被保险人未成年时，通常申请保单贷款由投保人签字即可；当被保险人成年时，申请保单贷款需要投保人和被保人共同签字。部分

保险公司支持通过书面授权方式，由被保险人一次性授权投保人单独操作。

其三，被保险人。被保险人是指在人身保险合同中人身受保险合同保障，享有保险金请求权的人。投保人也可以为自己投保，成为被保险人。被保险人是保单的生存受益人，具有保险金请求权，本书中称为收益权。被保险人有权利指定或变更受益人。保单贷款必须通过被保险人书面同意。

其四，受益人。受益人是指在人身保险合同中，由投保人或被保险人指定的，享有保险金请求权的人。投保人、被保险人可以为受益人。生存受益人：通常是指被保险人本人。身故受益人：被保险人以外的直系亲属，通常在保单中明确指定。通常可以指定一人或者多人为受益人。指定多人时，可以确定受益顺序和受益份额。如果没有设定份额的受益人按照相等份额确定受益权。考虑到领取受益金时，程序上需要受益人同时到场签字。可以适当分拆保单，尽量做到同一顺序受益人只有一人。

二、关于保险利益

《中华人民共和国保险法》（以下简称《保险法》）第二节第三十一条规定，投保人对下列人员具有保险利益：①本人；②配偶、子女、父母；③前项以外与投保人有抚养、赡养或者扶养关系的家庭其他成员、近亲属；④与投保人有劳动关系的劳动者。除前款规定外，被保险人同意投保人为其订立合同的，视为投保人对被保险人具有保险利益。订立合同时，投保人对被保险人不具有保险利益的，合同无效。

但是在中国大陆各保险公司的实际操作中，通常限定投保人和被保险人，受益人和被保险人的关系为父母、配偶、子女，如果是其他关系，则需要提供书面的说明并且经过保险公司同意受理后才能投保。

近年来，部门保险公司为了满足客户财富隔代传承的需要，允许祖父母或外祖父母为其孙子女或外孙子女投保人身保险，但是有两个条件必须同时满足：①孙子女或外孙子女年满8周岁或10周岁（具体根据保险公司的规定）；②必须由被保险人的法定监护人代被保险人签字确认。但是，需要注意的是，祖父母或外祖父母为其孙子女或外孙子女投保人身保险时，只能作为投保人，不能作为受益人，受益人只能是孙子女或外孙子女的父母。

三、保险金作为遗产的情形

（一）作为投保人遗产的情形

如果投保人去世，而保单没有在投保人生前完成投保人变更，则该保单视为投保人的遗产。需要投保人的合法继承人共同办理投保人的变更手续才能确定新的投保人，从而继续行使保单投保人的责、权、利。而实际中可能遇到的困难在于：如果继承人为多人，需要委托其中一名代表亲办，办理时，需全部继承人在申请书及授权委托书签字，提供身份证明复印件、与原投保人的关系证明等。

（二）被保险人遗产的情形

《保险法》第四十二条规定，被保险人死亡后，有下列情形之一的，保险金作为被保险人的遗产，由保险人依照《中华人民共和国继承法》的规定履行给付保险金的义务：①没有指定受益人，或者受益人指定不明无法确定的；②受益人先于被保险人死亡，没有其他受益人的；③受益人依法丧失受益权或者放弃受益权，没有其他受益人的。受益人与被保险人在同一事件中死亡，且不能确定死亡先后顺序的，推定受益人死亡在先。

第二节　保险架构模型

对于中产家庭，保险架构不仅可以持有资产，而且可以借助保单的杠杆功能，放大资产，同时通过不同投保人、被保人和受益人的设计，做好留权、资产隔离和财富传承的安排。

一、模型一：LI1

架构要点：客户自己做投保人，被保人和受益人由客户指定，如图 3-1 所示。

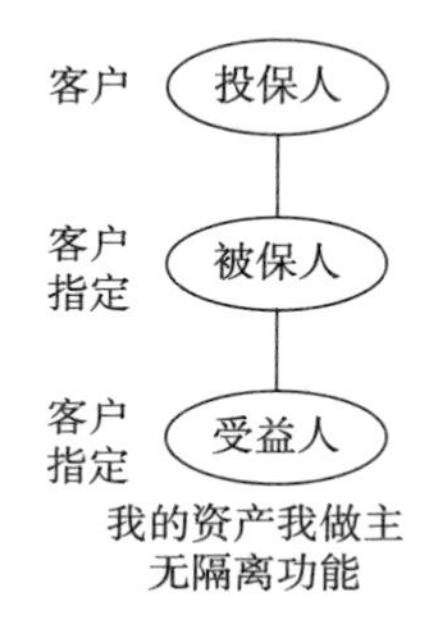

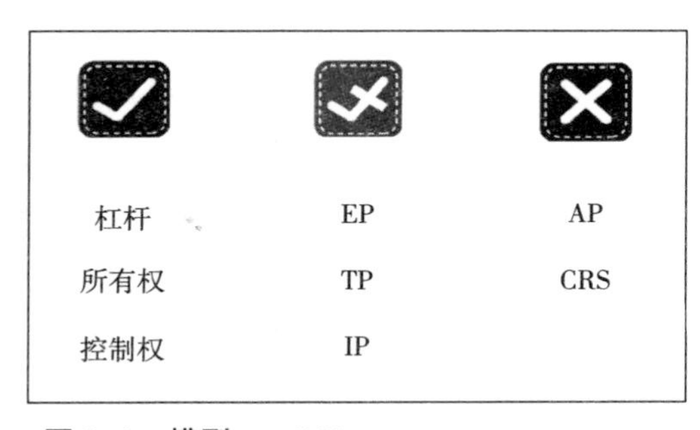

图 3-1　模型一：LI1

资料来源：恒通研究院根据《中华人民共和国保险法（2015）》中关于投保人的权责利的规定整理而成。

此架构模型核心优势有两点：第一，资产倍增，借助杠杆，放大资产；第二，保留权利，通过投保人角色保留了保单的所有权和控制权，避免资产失控。此架构的一般优势有三点：第一，遗产规划（EP），通过指定受益人可以一次性将保单资产留给受益人，避免法定继承，传非所愿；通过保险的指定受益人制度可以随时变更受益人，手续简单，零成本，但是变更受益人需要征得被保险人的同意；但此架构无法控制受益人对资金的使用，以及无法解决因受益人未成年而导致保单资产实际由受益人的监护人控制的情况。第二，税务筹划（TP），保单的赔款在境内税法的规定下免征个人所得税，同时在指定受益人的情况下，赔款作为受益金不纳入被继承人的遗产，因此不计入遗产总额，可规避未来或将出台的遗产税。第三，投资规划（IP），借助保单的保证利率和投资功能，比如生存金、分红、现金价值递增等方式，兼顾资产安全性和复利增值。同时，保单的贷款功能可以实现保险资产的二次变现再投资，从而实现资产的再次增值。但保单投资功能受限于保单的安全属性、被动属性（大部分保单属于被动投资，客户不能自主选择投资标的、投资组合以控制投资收益），因此投资收益偏保守和稳健。

此架构的不足有两点：第一，无法隔离风险，因为客户自己做投保人，依然是财产的实际所有人和控制人，一旦发生人身风险或债务、婚姻等风险，资产依然可以被执行或被视为遗产和夫妻共同财产，而无法实现资产保护与隔离功能。第二，该架构无法规避和简化 CRS 以及当地税务申报，保单的全部信息都将被收集和自动交换。

二、模型二：LI2

架构要点：客户自己做被保人，投保人和受益人由客户指定，如图 3-2 所示。

此架构模型核心优势有两点：第一，资产倍增，借助杠杆，放大资产。第二，将保单资产与生命绑定，通过保留生存受益权，锁定终身现金流或非身故理赔金，同时拥有部分被动控制权，比如变更投保人、申请保单贷款、变更受益人。同时，客户作为保险合同

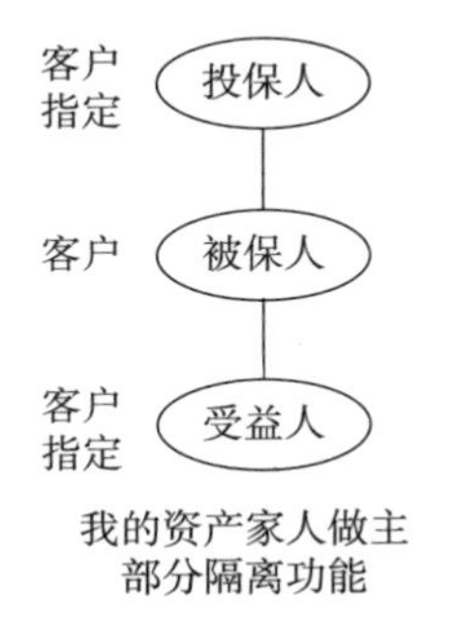

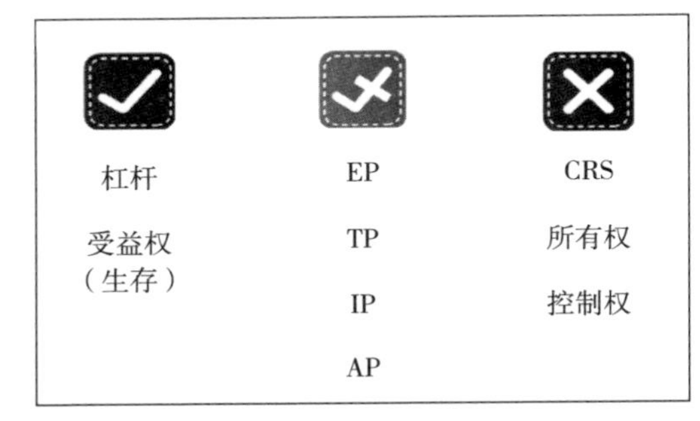

图 3-2　模型二：LI2

资料来源：恒通研究院根据《中华人民共和国保险法（2015）》中关于被保人的权责利的规定整理而成。

的被保险人的身份是不能变更的。

此架构的一般优势有四点：第一，遗产规划（EP），通过指定受益人可以一次性将保单资产留给受益人，避免法定继承，传非所愿；通过保险的指定受益人制度可以随时变更受益人，手续简单，零成本，但是变更受益人需要征得被保险人的同意；但此架构无法控制受益人对资金的使用，以及无法解决因受益人未成年而导致资产实际由受益人的监护人控制的情况。第二，税务筹划（TP），保单的赔款在境内税法的规定下免征个人所得税，同时在指定受益人的情况下，赔款作为受益金不纳入被继承人的遗产，因此不计入遗产总额，可规避未来或将出台的遗产税。第三，投资规划（IP），借助保单的保证利率和投资功能，比如生存金、分红、现金价值递增等方式，兼顾资产安全性和复利增值。同时，保单的贷款功能可以实现保险资产的二次变现再投资，从而实现资产的再次增值。但保单投资功能受限于保单的安全属性、被动属性（大部分保单属于被动投资，客户不能自主选择投资标的、投资组合以控制投资收益），因此投资收益偏保守和稳健。第四，资产隔离（AP），由于客户放弃投保人身份而仅作为保单的被保险人，按照合同约定在事件发生后领取生存受益金。根据《中华人民共和国合同法》第七十三条的规定，保险赔款专属于债务人自身的债权，债权人不可以向人民法院请求以自己的名义代位行使债务人的债权。同时，客户由于身体健康原因而获得的保险赔款，根据《婚姻法》第十八条的规定，赔款属于一方因身体受到伤害获得的费用，属于客户的婚内个人财产，而不属于夫妻共同财产。

此架构的不足有两点：第一，丧失保单控制权，因为放弃投保人角色，进而保单的所有权及控制权将由指定投保人掌握，客户仅保留部分被动权利，比如变更投保人、申请保单贷款、变更受益人。第二，该架构无法规避和简化 CRS 以及当地税务申报，保单的全部信息都将被统计和自动交换。

三、模型三：LI3

架构要点：客户自己做受益人，投保人和被保人由客户指定，如图 3-3 所示。

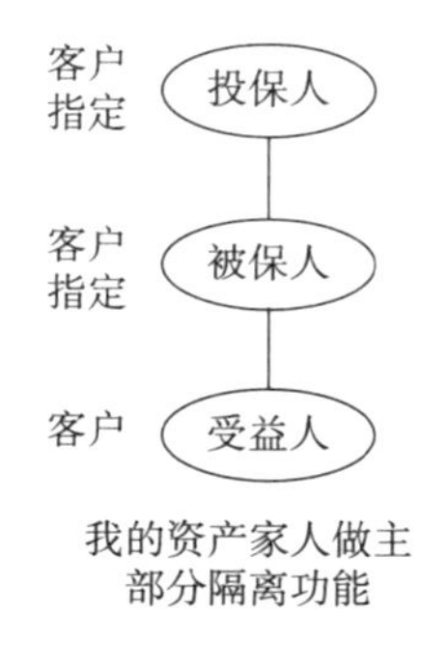

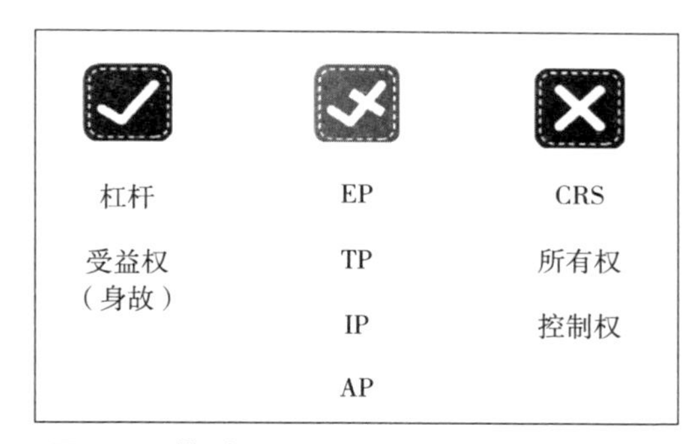

图 3-3　模型三：LI3

资料来源：恒通研究院根据《中华人民共和国保险法（2015）》中关于受益人的权责利的规定整理而成。

此架构模型核心优势有两点：第一，资产倍增，借助杠杆，放大资产。第二，保留身故受益权，通过身故受益人角色可定向继承保单资产。

此架构的一般优势有四点：第一，遗产规划（EP），通过指定受益人可以一次性将保单资产留给受益人，避免法定继承，传非所愿；通过保险的指定受益人制度可以随时变更受益人，手续简单，零成本，但是变更受益人需要征得被保险人的同意；但此架构无法控制受益人对资金的使用，以及无法解决因受益人未成年而导致资产实际由受益人的监护人控制的情况。第二，税务筹划（TP），保单的赔款在境内税法的规定下免征个人所得税，同时在指定受益人的情况下，赔款作为受益金不纳入被继承人的遗产，因此不计入遗产总额，可规避未来或将出台的遗产税。第三，投资规划（IP），借助保单的保证利率和投资功能，比如生存金、分红、现金价值递增等方式，兼顾资产安全性和复利增值。同时，保单的贷款功能可以实现保险资产的二次变现再投资，从而实现资产的再次增值。但保单投资功能受限于保单的安全属性、被动属性（大部分保单属于被动投资，客户不能自主选择投资标的、投资组合以控制投资收益），因此投资收益偏保守和稳健。第四，资产隔离（AP），由于客户仅作为保单的受益人，在保单明确指定受益人的情况下，赔款属于受益人的婚内个人财产，而不属于夫妻共同财产。同时，客户所领取的受益金不属于被保险人的遗产，因此不需要偿还被保险人的债务。

此架构的不足有三点：第一，丧失保单控制权，因为放弃投保人和被保人角色，进而保单的所有权及控制权将由指定投保人和被保人掌握，同时受益人的身份有可能随时被投保人和被保险人撤销。第二，该架构无法规避和简化 CRS 以及当地税务申报，保单的全部信息都将被统计和自动交换。第三，该架构模型下，受益人身份仅限于被保人的直系亲属。

第三节　保险架构的应用

一、家庭税务风险管理

如果遗产总额是3000万元，遗产税依照《中华人民共和国遗产税暂行条例（草案）》的《遗产税五级超额累计税率表》计算征收，该缴多少遗产税呢？参照前文表1-4计算结果，如果不做筹划，3000万元的遗产扣除税金1034万元，最终到手的资产仅有1966万元。如果利用人寿保险进行税务筹划，用500万元购买保险，身故保额1500万元，身故保险金免税。3000万元减掉500万元保费，还剩2500万元留作遗产，2500万元的遗产需要缴纳784万元的遗产税，用身故保险金1500万元现金缴纳，还剩716万元，加上2500万元，实际传承所得3216万元，如图3-4所示。

不做筹划

- 3000万元资产全部作为遗产
- 扣除1034万元税金
- 继承1966万元

税务筹划（利用人寿保险）

- 500万元购买保险+资产2500万元留作遗产
- 1500万元保险金给付受益人-784万元税金
- 传承3216万元

图3-4　进行税务筹划后的实际传承所得

500万元的保费与1500万元的身故保额之间的差额就是保险的杠杆。如果这1000万元的差额通过企业创造，通过企业创造1000万元个人合法所得。其税务成本包括“企业所得税25% + 个人所得税（20%~45%）+ 遗产税”，难度可想而知。

图 3-5 是终身寿险遗产税筹划模型，受到越来越多富豪的欢迎。终身寿险做遗产税规划的过程如图 3-5 所示。

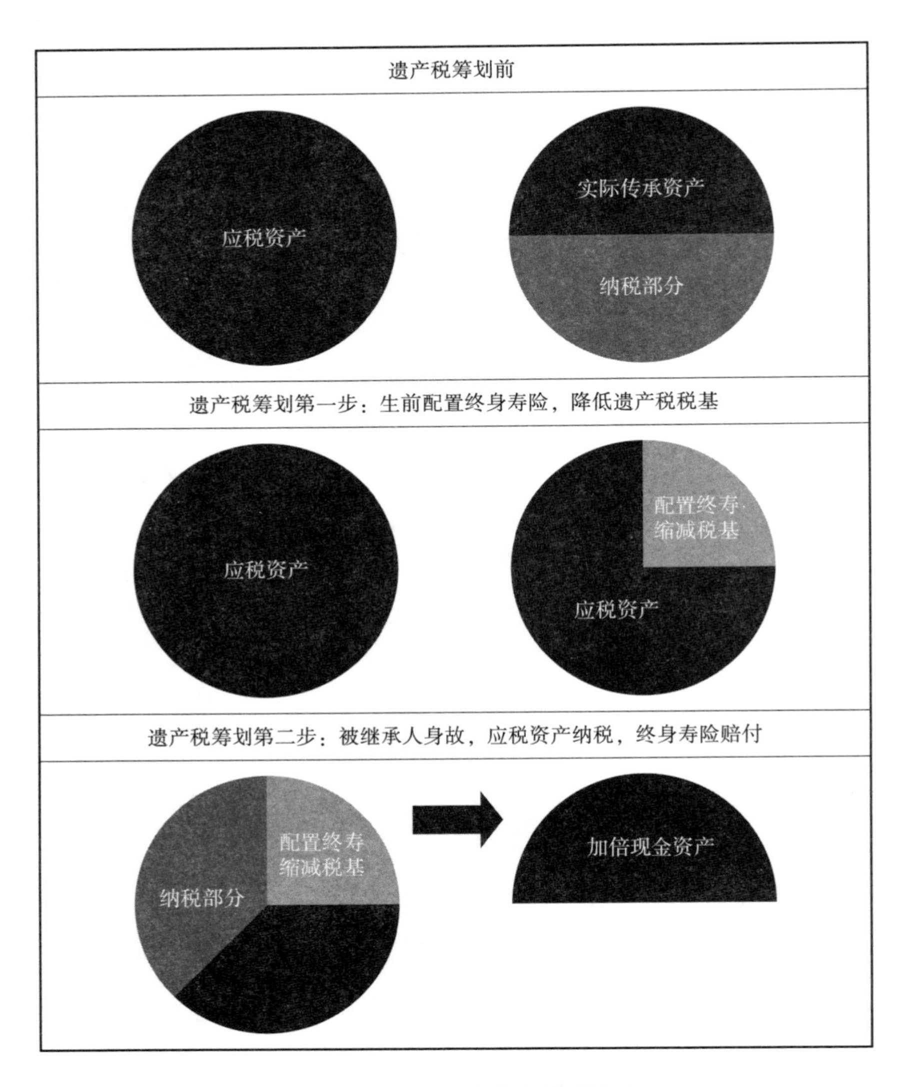

图 3-5 终身寿险遗产税筹划模型

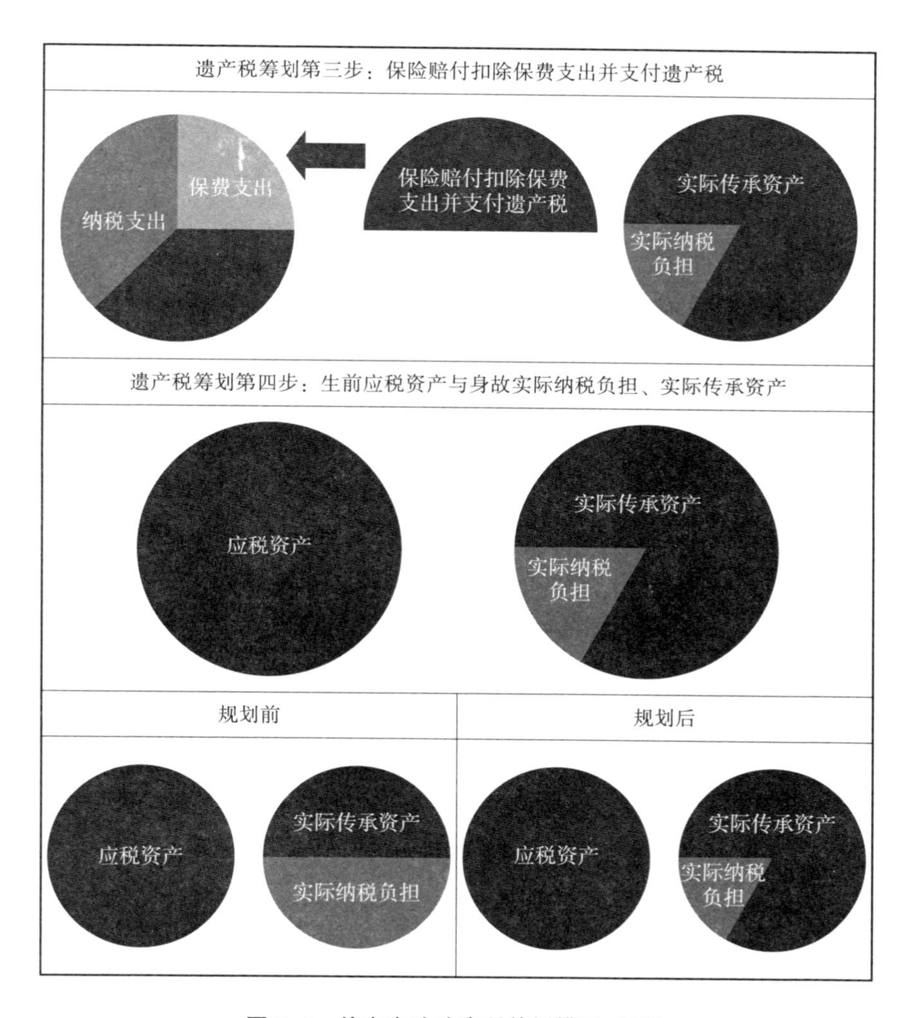

图 3-5 终身寿险遗产税筹划模型（续）

资料来源：恒通研究院根据终身寿险在资产税规划中的作用整理而成。

从全球各国政府税务管理的实践角度来看，保险都被赋予了税收方面的优惠待遇，保险相当于社会福利，购买保险相当于享受税收带来的社会福利。

二、家庭婚姻风险管理

婚后一方父母为子女购置房产时，若出全资购买且只登记为自己子女一方所有时，房产就属于子女的个人财产而非夫妻共同财产。若贷款购房，另一方对婚后还贷的一半及相应增值部分可以主张权利。但是问题在于，不管怎么安排，只要结婚以后，夫妻双方一旦决定把婚房卖掉，并重新再买一套，那么也就成为夫妻共同财产了。如果给的是现金或者银行卡，只要资金混同就会变成夫妻共同财产，比如说共同投资理财、相互之间的账户往来、往对方父母赠予的账户存钱等。如果给的是股权，在前面的篇章中已经提过，股权登记在个人名下，但股权的收益权、分红权等收益，只要分配给股东个人，还是夫妻共同财产。尽管有的律师会建议，将家族企业股权传给子女的时候，先签订隐名股东或股权代持协议，待婚姻稳定后再登记变更股权，但最终还是解决不了夫妻共同财产的问题。

如果要避免对子女的财富支持演变成夫妻共同财产，保险架构能起到很好的作用，但需要注意以下两点：第一，保费要为婚前财产，保费要在结婚之前全部缴完。第二，保险的婚后增值属于自然增值，属于个人财产，而不是夫妻共同财产。保险是如何做到有效隔离的呢？因为保险是属于“三权分立”的资产。保险的三权指的是保单的所有权、收益权和受益权。保单的所有权归属投保人，保单的收益权归属被保险人，保单的受益权归属受益人。如果按照三权分离的原则进行投保，将能很有效地进行婚前和婚后财产的隔离。

（一）投保的三种模型

第一种模型是父母做投保人，所有权归父母；子女做被保险人，享受保险收益权，可以根据保险合同的约定领取年金或者保险金（比如重疾理赔金）；父母作为保单的身故受益人按照合同约定在保险约定事件发生后领取身故受益金，利用了保险指定受益人的优势避免该保险资产变成子女的遗产走遗产继承手续。同时，受益金不属于被保险人的遗产，因此不用于偿还被保险人（子女）生前的债务，如图 3-6 所示。

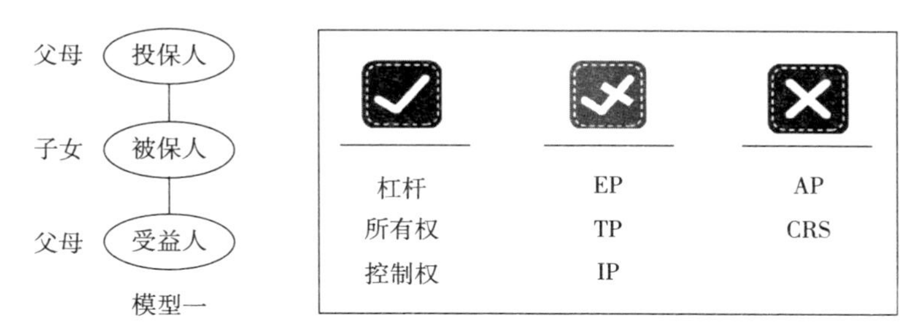

图 3-6　投保模型一

资料来源：模型一：LI1 在实践中的应用。

第二种模型是父母把钱赠予子女，子女自己做投保人，所有权归子女；子女做被保险人，享受保单的收益权，可以根据保险合同的约定领取年金或者保险金（比如重疾理赔金）；父母作为保单的身故受益人，按照合同约定在保险约定事件发生后领取身故受益金，利用了保险指定受益人的优势避免该保险资产变成子女的遗产走遗产继承手续。同时，受益金不属于被保险人的遗产，因此不用于偿还被保险人（子女）生前的债务。但是，要注意的是子女随时可以变更受益人，而且不需要父母知情，如图 3-7 所示。

图 3-7　投保模型二

资料来源：模型二：LI2 在实践中的应用。

第三种模型是父母做投保人，保单的所有权和控制权归父母；父母做被保险人，享受保单的收益权，可以根据保险合同的约定领取年金或者保险金（比如重疾理赔金）；子女作为保单的身故受益人，按照合同约定在保险约定事件发生后领取身故受益金，利用了保险指定受益人的优势避免该保险资产变成父母的遗产走遗产继承手续。同时，受益金不属于被保险人的遗产，因此不用于偿还被保险人（父母）生前的债务。同时受益金也不属于子女的夫妻共同财产。同时，父母可以随时变更受益人，完全掌握了主动权，如图 3-8 所示。

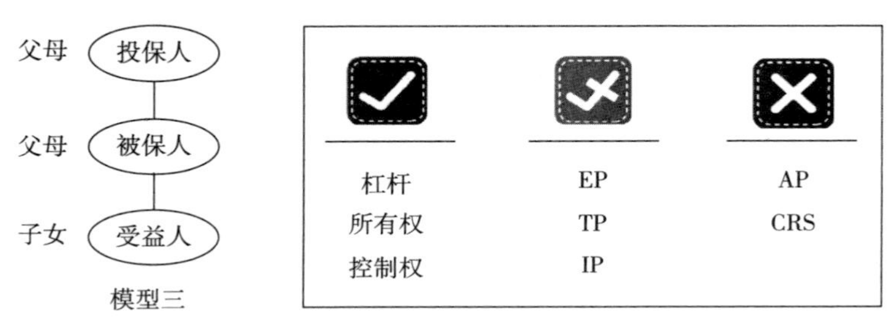

图 3-8　投保模型三

资料来源：模型三：LI3 在实践中的应用。

这三种模型都能实现同样的效果，那就是“钱留在自己的家中，照顾自己的家人，不会流出家庭之外”。而子女的配偶获得我们保单财富的唯一办法，就是对我们的孩子好，我们的孩子拿到保险的利益之后，将此利益与配偶分享，笔者相信这也是父母乐见其成的事情。如果子女的配偶对我们的子女不好，最终都触碰不到保单里的钱。

（二）保险架构的责、权、利案例解析

一份保单的架构设计不是一成不变的，由于保险法和保险合同赋予了投保人、被保险人和受益人不同的责、权、利，而这些责、权、利在投保人、被保人和受益人不同的人生阶段和人生事件中，

都可以通过启动保险公司的内部流程进行相应的变更和调整，以期越来越接近投保家庭的保单资产传承心愿。为了让读者能更加顺畅地了解人身保险合同穿越时空、贯穿三代的资产特性，本书详细拆解一个投保案例，如图 3-9 所示。

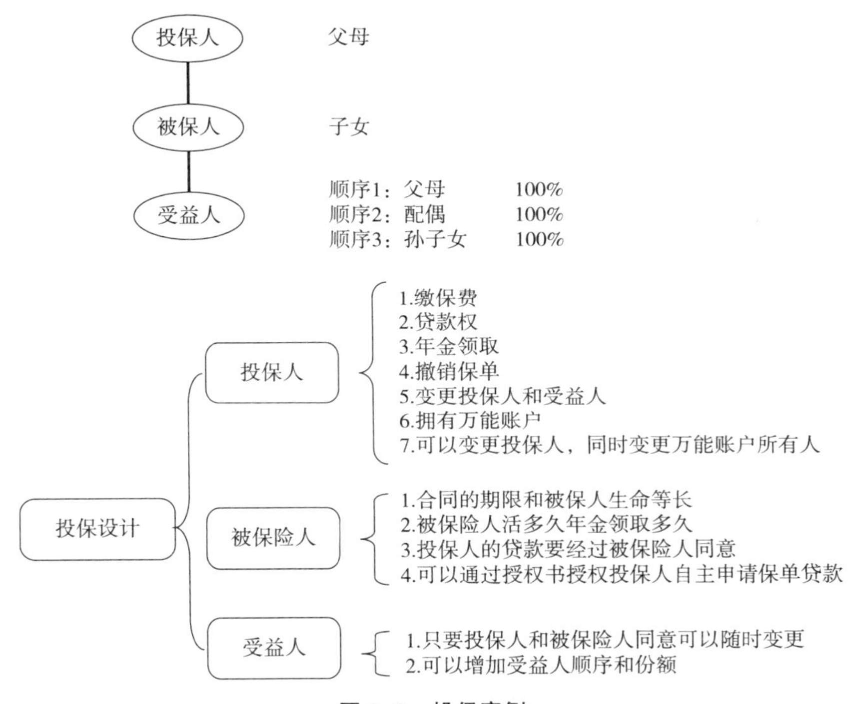

图 3-9　投保案例

资料来源：相关保险模型在实践中的应用，恒通研究院根据《中华人民共和国保险法（2015）》中关于投保人、被保人和受益人责、权、利的规定整理而成。

以上范例中，投保人是父母，被保险人是子女，受益人是父母，投保产品是年金保险。

由图 3-9 可知，投保人具有独立缴纳保费、领取年金、撤销保单、拥有万能账户同时随时提取万能账户现金的权利。在这几项权利中只有一项保单贷款需要被保险人（成年子女）的授权，其他都是由投保人独立自主操作，被保险人甚至连知情都不必要，因为保险公司的流程中并没有通知被保险人这一项。所以通过保险的投保人设定，父母拥有这份资产的绝对控制权。

而子女作为这份保单的被保险人，他们只是这份合同履行的条件，这个条件是制约保险公司给付年金和身故保险金用，也就是说这份保险合同的自然终止日期和子女的生命等长。但是，父母作为投保人依然有权随时并且无须任何理由地提出终止合同。一个签字，合同终止，合同的现金价值在最短时间内会打到父母的指定账户。所以父母拥有绝对的控制权。这个与送出去的房子，哪怕是名义上代持的房子，以及挂在子女名下的银行储蓄和理财账户等有本质的区别，因为这些资产凭证上写谁的名字，在法律上就归属于谁，而且父母完全丧失了控制权。但是保险不是，保险的投保人的绝对控制权是受到法律保护的。

关于年金，保险年金是被保险人活多久领多久，准确来说，被保险人活多久保险公司发多久，而且年年递增，而领取的权利是属于投保人的，只有投保人才能领取年金，一个签字年金就可以从保险的万能账户转到父母的银行账户，所以还是父母独立自主控制，不受任何人约束。

而唯一让投保人感到不满意的就是保单贷款的授权制度，这项授权需要被保险人到保险公司柜台来签个字就可以，一次授权终身有效。而且授权不代表马上需要贷款，只是做好手续，未来任何时候有需要只要投保人自己操作就可以。举个例子，曾经有客户为子女投保了金额较大的年金保险，父母已经为孩子完成了 10 年缴费，后来子女长大出国留学。父母在生意往来中急需用到一笔现金，而这份保单的可贷款金额完全可以满足父母的资金需求，但是由于投保人没有在被保险人出国留学前，完成贷款授权手续，造成了投保人需要启动保单贷款功能时，无法同时完成投保人和被保险人的签字确认申请保单贷款。所以父母为子女投保大额年金险时，一定要及时办理好贷款授权手续。如果是为成年子女投保，最好在投保时就完成贷款授权。若是为未成年子女投保，那么最好在子女满 18 周岁时或者外出求学前完成贷款授权手续。

这就是保险合同的真正价值和魅力，保险不是“泼出去的水”收不回来，而是由投保人牢牢掌握的一笔财富，同时保险也规定了清晰的财富归属，同时又赋予了投保人随时变更意愿的自由。

关于受益人的指定，目前保单的受益人都是父母，未来是否改变以及如何改变都是由投保人决定，当然如果希望这笔钱进入信托，然后进入慈善基金，达到一定条件也是可以做到的。但是最美妙的是，可以从长计议，等我们想好了随时可以变更，而不是固化的模式。需要提醒注意的是，变更受益人需要投保人和被保险人同时签字。同时，保单可以指定多顺位受益人的制度，既可以促进家庭的和谐美满，又可以保护保单资产按照家庭的心愿进行传承。例如，当子女结婚时，为了表示对子女配偶的接纳，投保人和被保险人可以授权增加子女的配偶为第二顺序的受益人，受益份额为 100%。当家庭迎来孙子女时，投保人和被保险人可以增加孙子女为第三顺序的受益人，受益份额为 100%。如果未来子女婚姻出现问题，或者子孙不孝，那么投保人和被保险人也可以随时撤销受益人。如果未来子女离婚，即使没有变更子女配偶的受益人资格，子女配偶也会因为婚姻关系变为离异，而不符合受益金领取时的关系证明自动失去了受益资格。由此可见，保单的受益指定制度使保险成为手续简单、成本为零的传承工具。

以上是投保人和被保险人的责、权、利的梳理，希望可以让读者清楚明白保险合同给客户带来的安全感所在。保险不是简单送给孩子的财富，归根到底是一份属于投保人（父母）的财富，只是未来父母有机会可以送给孩子和子孙的财富，但是只要父母在，财富的拥有者和控制者只能是父母，这是保险合同和法律赋予投保人的权利。

接下来本书梳理下这份保单的法律意义。

减税功能：保险金不纳入遗产税和收入所得税。保险金不属于夫妻共同财产，这份保单的所有权归投保人，所以法律上根本不属于子女婚姻中的夫妻共同财产，而且分割清晰，避免混同。就算未来有一天，父母同意把保单投保人转到他们各自名下，也很清晰地指明了财富路径，不属于子女的夫妻共同财产。而如果未来子女到银行抵押贷款，那么贷款部分就容易混同为夫妻共同财产。银行的存款、理财账户、基金、股票等随着结婚日久，更是容易混同为夫妻共同财产。

在父母的养老阶段，由于前文提到年金只能由父母独立支配领取，所以这份保单的年金和未来退保的现金100%属于父母的养老金储备。之所以选择子女作为被保险人，还有一个优势，测算过同样的保费，由于子女比较年轻，每年的年金领取会比父母自己作为被保险人多。也就是说，父母可以利用孩子的年龄优势，换取更低的保费和更高的年金收益。未来父母可以选择在领取年金若干年后，随时退保领取保单现金价值，越晚退保领取金额越高，逐年递增。如果将来不打算退保，那么也可以作为子女的养老金，但前提需要父母同意变更投保人。

同时这份保单在必要时，可以参与设计良性负债，以降低可能的遗产税。假如碰到遗产税的情况，那么遗产金额-负债=应纳税额。而保单贷款就属于负债，可以根据需要做必要贷款。

另外，保单的变更投保人手续，非常便利地实现了更换投保人，但是不需要实际资金账户变更。

关键提醒事项：①父母给未成年子女投保，在孩子满18周岁后，尽快办理贷款授权手续。特别是子女离开父母去异地前（比如出国），务必办理好授权。以保证在需要保单现金流动性时可以方便贷款操作。②为子女投保，尽量选择在子女结婚前完成保单缴费，便于确定为子女婚前财产。③在子女婚后及育儿后，尽快增加受益人顺序和人员，让保单受益根据规划顺利传承。④父母最好能做好提前变更投保人的准备，避免当父母离世后，保单变成父母的遗产，而不能进入指定受益的程序。需要注意的是，根据目前的保险公司管理流程保单投保人的变更需要：原投保人和新投保人到保险公司柜台操作，需要提前了解所在地是否有该保险公司经营场所。提前向代理人了解变更流程，以便于提前安排。⑤关于变更受益人的流程，需要投保人和被保险人同时签字，但是部分保险公司不要求柜台亲办，可以通过代理人代办或者线上程序办理。所以在投保时，提前了解相应流程，而不是简单的产品对比。

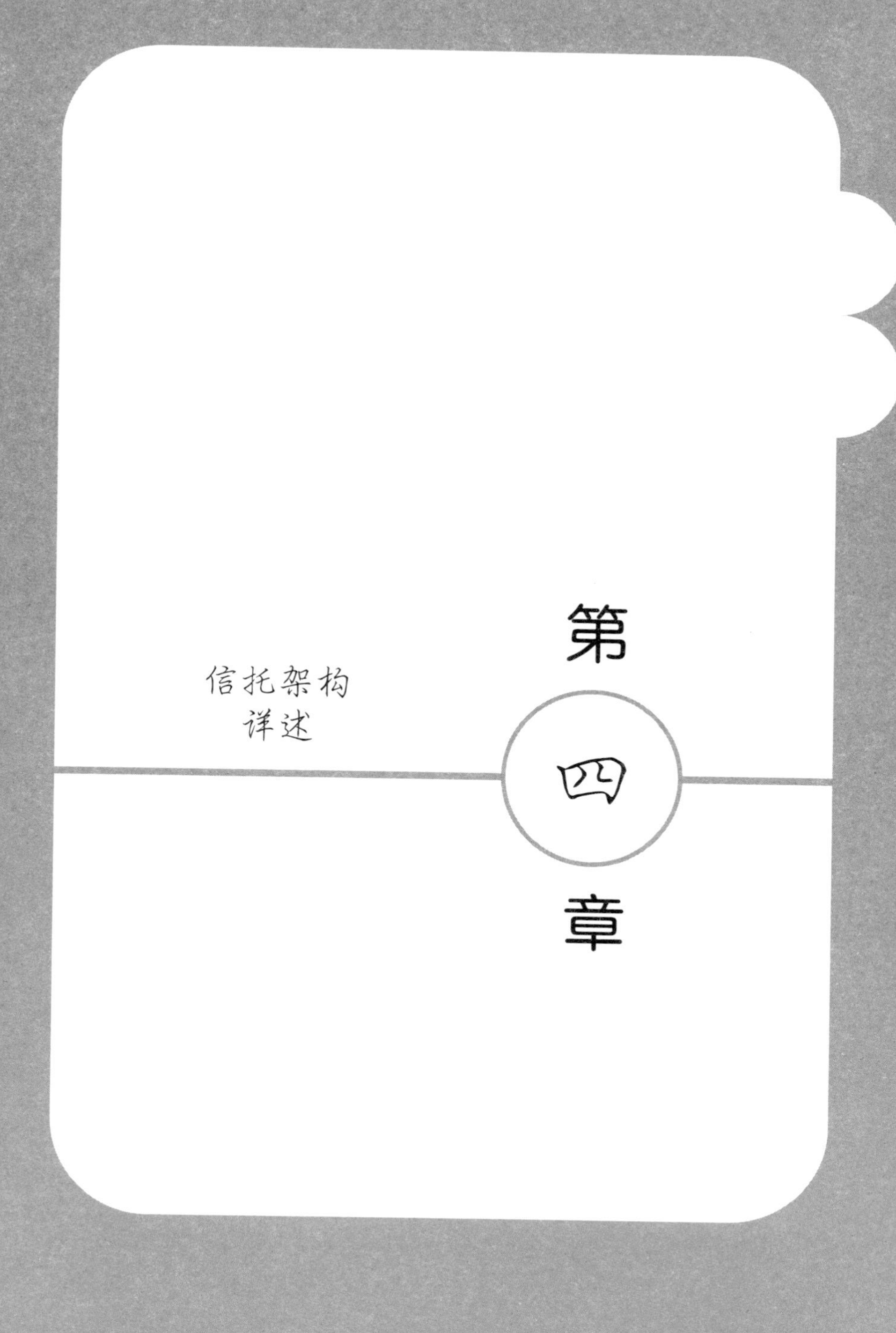

第四章

信托架构详述

第一节 信托基础知识

一、大陆法系 vs. 普通法系

大陆法系源自欧洲大陆的古罗马法，在漫长的历史长河中通过无数司法实践和法学精进，一步步制定并完善了一整套成文法典，法官断案完全依法而行，故大陆法系又叫成文法系。大陆法系大致以德法的法律传统和司法传统为代表，比如《法国民法典》《德国民法典》都是完备的成文法典。欧洲大陆上的法国、德国、意大利、荷兰、西班牙、葡萄牙等国和拉丁美洲、亚洲的许多国家的法律都属于大陆法系。

普通法系又称英国法系或判例法系，源于日耳曼习惯法，特点是法官造法，是在普通法和衡平法的分类基础上建立的。英国、美国、加拿大、澳大利亚，主要离岸地如开曼、BVI、百慕大、泽西、根西、中国香港等都属于普通法系。

二、普通法 vs. 衡平法

普通法系中同时包含了普通法和衡平法两种法律形式，普通法代表立法机关的法律，衡平法主要代表审判机关（法官）的法律（判例法）。衡平法是为了弥补普通法的不足和缺陷而出现的，衡平法的使用范围更窄，只适用于民商领域，最初体现为“国王的良心”，要求按照公平、正义、合理的原则审理案件、解决纠纷。

三、信托是什么？信托不是什么？

信托制度源于普通法系，信托是一种法律关系。在典型的信托关系中有设立人、受托人和受益人。受托人为了受益人的利益而持有财产，享有信托财产的法律所有权，受益人享有信托财产的衡平所有权，受托人要遵守信托契约和其他法律义务。

信托不是公司：公司是法律实体，信托不是；公司需要注册登记，信托不用。信托不是合同：合同相关方要支付对价，信托不用；合同非签约方不能要求履约，信托可以。信托不是遗嘱：遗嘱在死后生效，信托不必；通过遗嘱设立的信托为遗嘱信托。信托不是基金会：基金会是法律实体，信托不是；基金会需要注册登记，信托不用。

四、信托存续期

信托存续期自信托被创设之日开始至所有信托资产分配给受益人之日结束。普通法“反永续原则”（Rules Against Perpetuities）要求信托必须在有限的时间内结束，英国普通法要求信托最长不超过21年。这就是为何“有百年企业，没有百年信托”的原因。但是现代离岸信托立法废除了“反永续原则”，比如开曼信托为150年，BVI信托为360年，中国香港、泽西、根西没有期限限制。中国关于信托的法律也没有信托期限的限制。

五、离岸信托与离岸目的信托

（一）离岸信托

世界上离岸金融中心如英属维尔京群岛（BVI）、开曼群岛、巴哈马群岛、百慕大群岛、塞舌尔群岛、萨摩亚群岛、马恩岛等纷纷以法律手段制定并培育出一些特别宽松的经济区域，这些区域一般称为“离岸司法管辖区”。这些区域一般没有同第三国和地区签署避免双重课税协定，而直接免征所有直接税，即个人和公司所得税、资本利得税、遗产继承税和财产赠予税。

设在这些离岸司法管辖区的信托通常会被称为“离岸信托”。同样道理，在离岸法域内依据离岸公司法规范注册成立的公司通常被称为“离岸公司”。

（二）离岸目的信托

目的信托是指不存在受益人或者受益人不能确定，为了某种目的所设立的信托。不同于普通信托，目的信托没有受益人，因此不涉及信托利益分配、受益人资格获取或取消等事宜，可以消除受益人对信托的不当干扰。

在普通法原则下，目的信托无效有三大原因。

（1）违反受益人原则（Beneficiary Principle）。如果一个信托只有抽象的目的，就无法确定一个明确的对象，也就没有人能坚持要求法院命令受托人实施信托，也就是信托没有强制执行人（Enforcer）。

（2）违反受益对象的明确性（Certainty of Objects）。普通法下信托的有效成立需要满足三个确定性，即明确的信托设立意愿、明确的信托财产、明确的受益对象。目的信托缺乏明确的受益对象。

（3）违反“反永续原则”（Rules Against Perpetuities）。普通法“反永续原则”要求信托必须在有限的时间内结束，英国普通法要求信托最长不超过21年。目的信托中因为不能用受益人的寿命来计算信托存续期，违反“反永续原则”。

正因为如此，除慈善信托和不完全义务信托（Trusts of Imperfect Obligation）外，目的信托会受到普通法的挑战而失效，所以许多离岸信托法域现已通过立法，允许设立人设立非慈善目的的信托，即离岸目的信托。

1989 年百慕大以信托法的形式，引入第一代目的信托立法，即百慕大 1989 信托立法（*The* 1989 *Act*）。根据百慕大 1989 法案，设立人可以一个或多个目的设立有效的信托，但是该信托不能存续超过 100 年，并且有相关要求限制。

1998 年第二代百慕大信托立法（*The* 1998 *Act*）规定，可以设立永续目的信托，不再受 1989 法案 100 年的限制，直至信托内资产全部分配完。

作为百慕大信托立法的替代立法，开曼提出了 STAR 信托的概念，即 1997 年特殊信托替代制度法（*Special Trusts-Alternative Regime Law* 1997）。STAR 信托是为个人和/或目的（包括非慈善）建立的法定信托，不区分目的信托还是一般信托，信托契约必须明确规定 STAR 法律为管辖法。STAR 信托可以永续存在，可以为受益人持有，也可以为特殊目的持有或者为两者持有。

（三）特殊目的信托（Group Trust）

在实践中，目的信托常与私人信托公司（Private Trust Company，PTC）一起用于设立家族信托，实现家族资产的有效保护与传承。

PTC 一般由离岸地持牌信托公司辅导家族成员设立。由 PTC 担任家族信托的受托人，解决了家族对外部受托人不放心的担忧，因为 PTC 采取“董事会中心主义”，PTC 的董事会成员由家族成员以及部分外部专业人员构成，家族成员控制了董事会，也就控制了 PTC，控制了家族信托及其持有的家族企业和家族资产。

私人信托公司可以设立在 BVI、开曼、巴哈马、百慕大、泽西岛等地，客户可以根据自己的偏好确定，表 4-1 是私人信托公司在各地的设立条件对比。

表 4-1　私人信托公司设立地和设立条件

<table>
<tr><th></th><th></th><th colspan="4">BVI　开曼　巴哈马　百慕大　泽西岛</th><th>尼维斯</th></tr>
<tr><td rowspan="3">设立条件</td><td>公司名称</td><td colspan="2">必须包含“私人信托公司”或“PTC”</td><td colspan="3">必须包含“私人”字样或“公司”“有限”等字样</td></tr>
<tr><td>经营范围</td><td colspan="4">只能经营指定人设立的信托及委托人的关联人设立的相关信托，信托数量也是有限的</td><td>信托之间不要求存在关联关系，不限制信托数量</td></tr>
<tr><td>最低注册资本</td><td>无限制</td><td>5000 美元</td><td>无限制</td><td></td><td></td></tr>
<tr><td rowspan="3">注册</td><td>注册和批准</td><td>无须批准</td><td></td><td>需批准</td><td></td><td></td></tr>
<tr><td>注册代理机构</td><td colspan="5">注册代理机构必须是本地的居民企业，且在经营资质上也有一定的要求</td></tr>
<tr><td>注册办公室</td><td colspan="5">须设立在离岸中心，且在私人信托公司存续期间须保持该办公室；泽西岛、巴哈马等地无此要求</td></tr>
</table>

资料来源：笔者根据相关资料整理而成。

在百慕大，根据《1981 年公司法》，私人信托公司可以以股份有限公司或担保有限公司的形式设立。百慕大法律将公司区分为“本地”公司（主要由百慕大人拥有）与“豁免”公司（主要由非百慕大人拥有）。一般说来，除例外情况外，豁免公司仅能从百慕大境内开展与百慕大境外的交易和活动相关的营业。若委托人在设立相关信托时并非通常居住于百慕大，私人信托公司则被允许完全在百慕大境内开展营业。

所有百慕大豁免公司的成立均须经百慕大金融管理局（以下简称 BMA）批准。百慕大法律要求必须披露最终实益权益人的身份，所有持有拟成立的私人信托公司不少于 5%股份的最终实益权益人均须签署一份个人声明，证实其是声誉良好之人士且在其他百慕大业务中有良好声誉。若公司是由一目的信托（Purpose Trust）持有（这种情形很常见），则该信托的设立人须做出上述声明。

私人信托公司可在其公司名称中使用“信托”或“受托人”的字眼。私人信托公司须在成立之日起3个月内向BMA存档一份函件，证实其具有受豁免的资格，且详细说明其信托业务的性质和范围。

第二节 信托主要角色及责、权、利

一个典型的信托结构（如图4-1所示）包含设立人、受托人、保护人和受益人四种角色。信托立法和信托契约共同确定了每个角色的责、权、利。

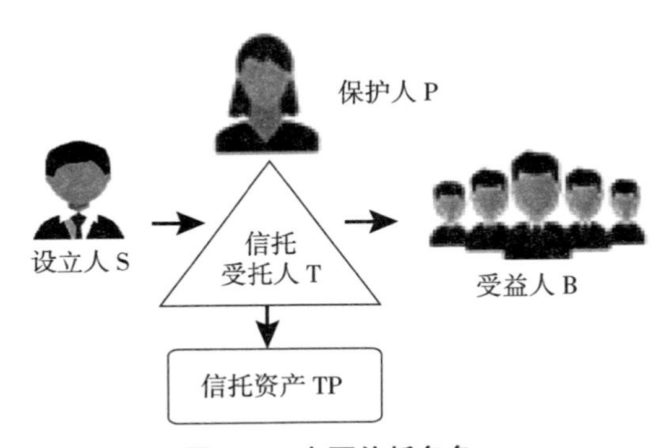

图4-1 主要信托角色

资料来源：笔者根据《中华人民共和国信托法》中关于信托法律关系的规定整理而成。

一、设立人的权和利

设立人（委托人）是明示信托的创设者，由其指定受托人，决定信托财产的形式，确定谁是受益人及其受益权。

（一）设立人的一般权力

作为信托的设立人，一般享有如下三种权力。

（1）设立人任命受托人的权力。信托的初始受托人通常都是设立人、立遗嘱人或者通过设立信托的文件指定的。受托人可以是个人，也可以是机构。

（2）设立人和受托人共同撰写信托契约（Trust Instrument）。

（3）设立人有权撰写意愿书（Letter of Wishes）。一般而言，没有写在信托契约里的意愿，可以写在意愿书里。信托契约在信托关系中具有圣经地位，是必须要履行的，但意愿书没有法律效力，只有指导意义，在受托人行使自由裁量权的时候提供参考。

（二）设立人的特殊留权（Reserved Power）

设立人（委托人）通常会通过信托契约中的明示条款（Express Provisions）、保留投资权（Investment）和分配权（Distribution）。委托人在设立信托之时就要在信托契约中写明上述条款，来实现留权的目的。特殊留权的具体体现形式有：被动否决权（Negative Power to Veto），要求受托人在投资/分配时，必须向委托人/保护人提出申请并获得他们的同意（通常要求书面同意），没有这份同意书，受托人不能轻举妄动，不按照上述执行，受托人就是不尽责，要为自己的擅自越权行为、违约行为承担后果。主动指示权（Positive Power to Direct），要求受托人不能擅自投资/分配，凡是必须得到委托人/保护人的明确指示后才能行动，否则也是违约，同样要承担后果。

在普通法原则下，特殊留权的结果可能导致虚假信托（Sham Trust）和归复信托（Resulting Trust）。

虚假信托分为形式虚假（Formal Sham）和实质虚假（Substantive

Sham)。形式虚假指的是“在信托契约中通过明示条款为委托人/保护人保留了太多的投资权和分配权”，表明设立人“从未真正打算设立信托，受托人只是设立人的傀儡”。实质虚假指的是“表面上信托契约没有过多留权，信托是有效的”，但实际执行过程中“受托人却只能事事依照设立人的指示行事”。比如说，信托契约显示信托是一个自由裁量信托（Discretionary Trust），但是设立人却与受托人私下勾结（Collusion），签订阴阳合同（Side-agreement），要求受托人依照自己的指示进行投资和分配。

虚假信托的结果是信托被击穿，效果和从来没有设立过信托是一样的，导致信托自始无效（Void ab initio），信托资产该是谁的还是谁的，信托变为归复信托（Resulting Trust），信托的所有财产返还给设立人（如果设立人死亡则变为设立人的遗产），该缴税缴税，该还债还债。所有受益人收到的分配要归还，受托人收到的酬劳也要一并归还。

离岸地现代留权立法（Modern Reserved Powers Legislation）允许设立人保留部分权力而不影响信托的有效性，比如开曼 2017 年的信托立法规定，设立人保留如下 8 项权力，不会导致信托无效：①撤销、变更和修改信托契约的权力；②一般或者特别权力来分配信托资产；③获得信托资产有限权益的权力；④作为信托下持有全部/部分股权公司董事的权力；⑤对受托人购买、持有和售出信托资产的权力；⑥任命、增加、更换受托人、保护人和受益人的权力；⑦更改管辖法的权力（即选择设立信托的司法管辖区域）；⑧“受托人行使权力时需经过设立人/保护人的同意，否则就是违权失职”的权力。

值得注意的是，现代留权立法只能使信托契约中的留权条款从无效变成有效，但不能使实质虚假信托从无效变成有效。

二、受托人的责、权、利

（一）受托人的责任义务

受托人承担管理和控制信托财产的责任，但只能是为了受益人的利益。受托人是信托的代表，正是因为他控制着信托财产，很容易借以谋取私利，所以衡平法对受托人施加了非常严格的责任，受托人既要按照信托契约的条款行事，同时还要遵守制定法和普通法的有关规定。受托人疏于职责，错误地管理和使用信托的，必须对此承担责任。

（1）受托人的受信义务和谨慎义务。受托人的受信义务（Fiduciary Duty）包含三个方面：①受托人要严格遵循信托契约行事，这是受托人的核心义务；②受托人要为受益人的最大利益行事，这是信托的设立目的；③对受益人要绝对忠诚，这种忠诚体现在受托人要避免利益冲突、受托人不能利用信托为自己谋私利、受托人不能自我交易。受托人的谨慎义务（Duty of Skill and Care）包含两个方面：①受托人要谨慎、勤勉、尽责，像管理自己的资产一样投资和管理信托资产；②受托人应该适用更高的标准，管理信托财产要有专业人士的专业度。

（2）受托人对下层公司的监管义务。受托人的这项义务源于1980 年 Bartlett 诉巴克莱银行信托公司（Barclay Bank Trust Co.）案。该案中，巴克莱银行信托公司（Barclay Bank Trust Co.）作为 Bartlett 信托的受托人，持有一家家族企业［企业为 Bartlett Trust（Holdings）Ltd.］99.8%的股权，但是公司董事并非由受托人巴克莱银行信托公司指定的。在家族企业的两项投资项目决议问题上，家族企业董事会进行了投资决策，受托人巴克莱银行信托公司虽知晓投资项目，但未明确反对投资。事后，其中一项投资项目失败，使家族企业遭受损失，进而也使信托财产（即家族企业股权）价值严重贬损。判决认为，因为受托人未能尽责，所以就信托财产价值贬损的部分，受托人应承担赔偿责任。

Bartlett 诉巴克莱银行信托公司案是依据英国信托法所做出的一项判例，是 20 世纪末围绕受托人责任的一项具有代表性的案件。该案件产生了 BBB 规则（BBB Principle），该规则确定受托人有义务从董事会获取充分的信息，并运用该信息来保护受益人的利益。

（3）受托人的信息披露义务。①受托人有披露账目的义务，保管账目和记录的义务是受托人对受益人负有的不可减少的核心义务（Irreducible Core of Obligations）之一，不能被排除和削减。②受托人披露信托相关文件信息的义务，受托人对受益人、委托人、保护人、公共机构、法院有不同程度的披露义务。③FATCA 和 CRS 下受托人的披露义务，这部分将在第三节保险金信托的 CRS 信息申报里专门讲解。④反洗钱立法下受托人的可疑性交易（Suspicious Transactions Reporting，STR）报告义务。

（4）受托人接手已有信托业务后的职责。依照信托契约更换受托人，必须以书面的形式做出。原受托人（Old Trustee）必须转移所有的信托文件，并一直准备账目直到彻底被免职。新受托人接手信托业务后，需要重新做全面的尽职调查，确认客户的个人信息（比如身份和地址）、设立信托的目的、转入信托的资金来源、反洗钱调查等合规信息，熟悉信托契约条款，分析信托账目，查看投资报告等。

（二）受托人的权力

受托人的权力由信托契约赋予，常见的权力有投资权、分配权和管理权。

（1）受托人的投资权。受托人的投资权由信托契约规定，如果信托契约没有规定的，就看当地立法（Statutory Legislation）是否规定，没有规定就不能行使。投资权主要有五项权力：①信托资产的投资权；②处置不动产/动产（Land/Chattels）的权力；③利用下层公司（Underling Company）进行交易的权力；④管理信托项下家族企业（Family Business）的权力，比如成立公司的权力，投票的权力；⑤委任投资顾问的权力。

（2）受托人的分配权。①当受托人为受益人提供无担保贷款时，即借钱给受益人，此项行为不是投资，而是在实施受托人的分配权。②如果受托人希望以实物分配（In Specie），则应在信托契约中明确受托人有这种权力，如果没有明示权力的情况下，除非当地信托立法另有规定，否则必须征得受益人的同意才能执行该权力。③如果受托人接到在岸税务局要求缴税的通知，即在岸税局追离岸信托的税，受托人可以支付税款吗？这个问题要分情况来看：其一，根据不可强制执行原则（Non-enforceability Rule），外国政府针对私人的税收诉讼不能在别的国家要求执行，即在岸税局无权追税。只有当信托契约有明确条款允许受托人缴税时，受托人才可以缴税，否则就是违反信托契约。其二，如果该税款是必须要缴（Enforceable）的税，比如说在岸地的预扣税（Withholding Tax）、在岸地应缴的企业所得税、个人所得税等，那么受托人必须要支付。其三，受托人分配信托财产用于缴税的分配权，仅限于为受益人缴税，因为信托是为受益人的利益而设。如果设立人本身也是受益人，那么也可以为设立人缴税。

（3）受托人的管理权。①受托人面对索赔时是采取应诉还是妥协，要在成本和收益之间平衡，在获得专业法律建议后，为信托的利益来行使其自由裁量权。②受托人可以为信托财产投保，保额的上限是全部信托财产的可保价值。③受托人可以修改信托的管理条款（Power to Vary Administrative Provisions）。

（三）受托人的权利

受托人的权利体现在受托人获得报酬（Charging/Remuneration）

的权利，获得补偿（Indemnity）的权利和免责（Exoneration）条款。

（1）受托人获得报酬的权利，受托人在以下四种情况下可以获得报酬：①信托契约的规定，即信托契约中通过明示条款允许受托人收取报酬；②全部受益人同意；③立法许可（By Statute）的情况；④法院决定（By Court）的情况。

受托人所收取的报酬主要是信托服务收费，分为直接费用（Direct Fee）和间接费用（Indirect Fee）。直接费用是纯为信托服务所收取的费用，比如设立费、运营费；间接费用是因为承担职责而收取的费用，比如董事费、物业管理费、经纪费、其他佣金等。

（2）受托人获得补偿的权利。在管理信托期间，受托人可以就以下情况所发生的费用获得补偿，比如管理信托财产所发生的律师费及法务费用，赔偿第三方的损失，信托架构内的企业所产的负债等。

（3）受托人的免责。受托人的免责是有前提的，只有那些善意的、无心的疏忽才可以免责，如果是因为不诚实的、故意的、恶意的、欺诈的行为所造成的损失，受托人不能免责。

三、受益人的权利/权益

衡平法最初的观点是，信托的受益权只相当于一项权利，即强迫受托人实施信托或者补偿他们违反信托所造成的损失，这就是受益人享有的对人权。

（一）对人权（In Personam Right）

如果受托人违约，受益人可以要求受托人履行信托契约；如果信托财产受损，受益人可以要求受托人承担责任；信托财产受损，受益人可以要求受托人采取行动，去找破坏信托财产的人求偿。

（二）对物权（In Rem Rights）

除了给付对价且不知道信托的善意购买人之外，受益人的对物权可以针对任何人强制实施，通过诉讼追踪并找回违反信托所造成的损失。也就是说，如果受托人违反信托契约，错误将信托财产转让给了第三人，受益人可以直接向第三人追索（第三人是善意购买者，不知情并支付了合理的市场价格除外）。

（三）终止信托的权利

根据著名判例 Saunders vs. Vautier（1841）确立的规则，全体受益人都已经成年，并且绝对地被授权拥有信托财产的全部受益权（Equitable Interest），他们可以要求受托人终止信托。值得注意的是，自由裁量信托下的受益人没有全部受益权，所以没有这项权利。

（四）强制受托人分配的权利

如果受托人不分配，受益人有权向法院起诉，要求受托人为受益人的利益分配信托财产。因为自由裁量信托的分配权通过信托契约赋予了受托人，所以自由裁量信托下的受益人没有此项权利。

（五）不可减少的看账权利

看账权利是受益人不可减少的核心权利（Irreducible Core Right），如果这项权利被排除（Excluded）或者去除（Removed），那么该信托就有成为虚假信托的风险。

（六）不同类型信托下的受益人的权利/权益

在离岸信托下，存在九种类型的受益人。

（1）固权信托（Fixed Interest Trust）下的四类受益人。

A：生存年金受益人（Life Tenant Beneficiary），享有终身领取信托收入的权利，直到生命终结。

B：死亡权益受益人（Remainder-man Beneficiary），在 A 去世以后，全部信托本金给 B。

C：非确定生存权益受益人（Precarious Life Interest Beneficiary），此类权益以 A 的生存为条件，A 死亡，权益也随之灭失，具有不确定性。A 将 A 的终身领取收入的权利出售给 C，之后受托人将信托财产收入付给 C，直到 A 去世。

D：附条件信托受益人（Contingent Interest Beneficiary），是指受益人达到信托契约里规定条件才能领取信托利益，比如说达到指定年龄（比如说 35 岁）、结婚、生子等条件。

（2）全权信托（Discretionary Trust）下的三类受益人。

自由裁量权受益人（Discretionary Dispositive Powers Beneficiary，DDPB），受托人可以对 DDPB 自由决定分不分、分多少、怎么分。

自由裁量义务受益人（Discretionary Dispositive Duty Beneficiary，DDDB），受托人对 DDDB 必须分配信托利益。

兜底受益人（Ultimate Default Beneficiary，UDB），当信托到期时如果还有信托财产，并且信托契约确定的其他受益人全部都去世了，UDB 将成为受益人。UDB 可以是个人，也可以是慈善机构。

（3）保护信托（Protective Trust）下的受益人。

保护信托是固权信托和全权信托的混合体，兼具两种信托的特点。目的是防止固权信托的受益人破产以及转让信托内的家族资产。比如，当固权信托的受益人的生存年金受益人破产或者试图转让权益时，固权信托自动变成全权信托，受托人可以取消生存年金受益人的受益权，代之以子女、配偶受益。

（4）STAR 信托下的受益人。

STAR 信托可以为某种目的而设立，而不是为某人而设立，实际受益于 STAR 目的信托的受益人，没有任何权利。总结而言，不同类型信托的受益人拥有的衡平权益（对人权和对物权）是不一样的。

其一，固权信托下的生存年金受益人、死亡权益受益人、附条件信托受益人和自由裁量义务受益人的权利最大，这四类受益人有完整的衡平权益，有权要求受托人分配、有权看账、可以联合起来终止信托等。其二，或有生存利益受益人（Precarious Life Interest Beneficiary）在取得生存年金受益人的权益后享有和生存年金受益人一样的权利。其三，兜底受益人和自由裁量权受益人没有完整的衡平权益，只有有限的看账权，没有要求受托人进行分配的权利，也不能联合起来终止信托。其四，STAR 信托下的受益人不享有衡平权益，没有任何权利。

四、保护人的责、权、利

在讲述设立人的权力时曾经提过，设立人的特殊留权有可能导致信托成为虚假信托，所以最好的方式就是设立人在信托有效成立后就消失，把特殊留权留在保护人身上。

（一）保护人的选聘

保护人的作用主要体现在三个方面：第一，确保遵循设立人的意愿和目的，确保信托能够被很好地执行；第二，协助受托人管理信托及信托资产；第三，监督受托人的行为，从而保护信托及信托资产。

那么谁可以成为保护人呢？一般而言，保护人只要是设立人信任的人或者机构都可以。从实践中看，主要有三种类型：第一类，专业人士（Professional Person），比如律师、家族办公室顾问、公司代理人等。专业人士适合担任积极型（Proactive）保护人，拥有广泛的管理权（Administrative Power）和处置权（Dispositive Power）。第二类，非专业人士（Lay Person），比如受益人、受益人委员会或者设立人的亲属或者亲密朋友。非专业人士适合担任消极型（Passive）保护人，拥有有限的权力，不参与信托的日常管理。第三类，委员会型（Committee），比如由专业人士和非专业人士组成的委员会来担任保护人。至于担任积极还是消极的保护人，取决于设立人的偏好。

（二）保护人的责任义务

保护人的基本责任义务是遵循信托契约，具体来看可以分为个人义务（Personal Duty）和受信义务（Fiduciary Duty）两种。个人义务是指保护人要保护好自己的利益，不能滥用被赋予的保护人权力，如果有欺诈等行为，依旧会被认为权力无效。受信义务是指保护人要保护全部受益人的最大利益，如果保护人不能以受益人的最大利益行使权力，则保护人违反信托义务，受益人可以对其提起诉讼以赔偿损失。

如果信托契约赋予保护人的权力是为了受益人的最大利益，那么保护人就对受益人负有受信义务；如果信托契约赋予保护人的权力不是为了受益人的最大利益，那么保护人就只有个人义务。

（三）保护人的权力

一般而言，设立人在撰写信托契约时就会通过信托契约保留两类权力给保护人，信托处置权（Dispositive Power，DP）和信托管理权（Administrative Power，AP）。

（1）信托处置权（DP），是指做出或者批准信托资产处置的权力，比如信托资产分给谁、分什么、怎么分的问题。同设立人一样，处置权又可以分为被动否决权（Negative Power）和主动指示权（Positive Power）。

当设立人认为信托需要灵活处置权（Dispositive Flexibility）并且增强信托的机密性（Confidentiality）时，通常会赋予保护人这样的权力，比如增减受益人的权力。只要在信托契约中规定“保护人或受托人在保护人的书面同意下在信托期间内的任何时间通过契约的形式增加由保护人或受托人确立的受益人”即可。

（2）信托管理权（AP），保护人的信托管理权体现在信托的日常管理活动中，是保护人监管受托人的有效手段。①任免受托人，对那些不达标的受托人起到预防作用，监督受托人的行为，对受托人进行间接控制，使设立人安心。②受托人报酬，比如信托契约中的收费条款“必须要得到保护人的预先批准（Prior Approval）”，并允许受托人收取“合理的报酬”。③批准受托人的自我交易，当受托人发生自我交易获利或者获得秘密收益（Secret Profit）时，需要保护人的批准（Approval）。④受托人的投资决策，确保受托人遵循设立人的投资意向。⑤监管受托人做账，受托人更喜欢有知识、有经验的专业保护人来监管和核准信托账户，而不是不专业的受益人。⑥保护人看账权，确保受托人以适当的方式管理信托，并向受益人提供独立报告，并且客观解答受益人的疑问。⑦提名审计权，信托账户应该要接受定期的审计，在证明费用是合理的情况下，也可以赋予保护人任命审计员（To Appoint Auditors）的权力。

（3）批准/否决设立人和受益人的决定，为了防止信托设立人和受益人做出不利于信托的行为，为了保护信托的有效存续，赋予了保护人可以批准/否决设立人/受益人不当行为的权力：①当设立人被迫以不利于信托的方式行使保留权力时，保护人可以否决。②防止受益人以撤销信托（To Set Aside the Trust）为目的收集信息，保护人可以否决受益人的看账权（To Receive Accounts）。

（4）其他权力。①了解信托和受益人所在地的税务环境，并给出税务建议；②如果信托所在管辖区和管辖法律产生风险（比如战争、内乱、税收政策调整）且不适合信托存续时，可以触发飞行条款，信托整体迁移；③解决信托管理中出现的问题和争端；④终止信托。

(四) 保护人的权利

保护人的权利主要有以下四项：第一，查看信托账户并审查受托人保管的信托文件和记录；第二，雇佣专业代理人，例如律师、税务师或其他顾问，并且费用由信托资产来承担；第三，获得合理报酬，报酬由信托资产承担；第四，保护人如果表现合理无误，可以就信托相关的索赔和债务（Claim and Liabilities）得到补偿（Indemnity）。

第三节 “保险+信托”架构的应用

“保险+信托”是整个资产持有架构的基石，能够帮客户实现更优的税后回报、更强的资产保护、更好的税务规划、更合理的遗产规划和简化资产申报所带来的隐私保护。

一、“国内保险+国内信托”架构

对高端客户而言，“财富安全度”远高于“保值和增值”，在服务客户时应根据客户具体情况合理设计“保险+信托”，即“保险+信托”架构。

二、模型四：T+LI1

架构要点：保单持有资产，将保单受益人变更为信托。投保人在签订保险合同的同时，将其在保险合同下的权益（主要是保险理赔金）设立信托，原来的保险受益人是家庭成员，现在保险受益人变成了信托公司。一旦发生保险理赔，信托公司将按照投保人事先对保险理赔金的处分和分配意志，长期且高效地管理这笔资金，实现对投保人意志的延续和忠实履行，如图 4-2 所示。

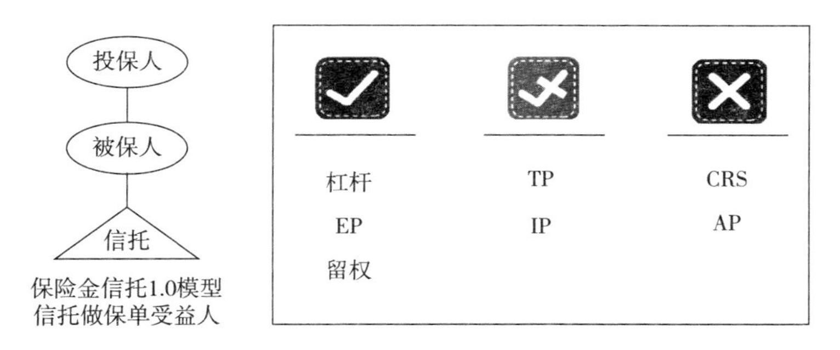

图 4-2　模型四：T+LI1

资料来源：笔者根据保险金信托 1.0 的实际应用整理而成。

此架构模型核心优势有三点。第一，资产倍增，借助杠杆，放大资产。这种模式不仅可以享受保险自身的保障杠杆和财务杠杆带来的资产增值好处，而且当保险和信托结合以后，保险资金的运用就会更加灵活。信托公司作为受托人，可以对信托财产进行有效的资产管理，更有利于保值、增值。第二，保留权力，保险赔付之前，通过投保人角色保留了保单的所有权和控制权，避免资产失控。第三，传承规划（EP）。信托受益人的范围广，不局限于被保人的直系亲属。通过信托受益人，实现资产传承可以按需定制、可附加条件、可多代传承，并且隔离信托受益人的自身风险，实现和谐传承，得偿所愿。

保险赔付以后，保险金作为信托财产存放到信托公司名下，它就是独立于受托人的信托财产，受托人如果出现破产或其他情况，和保险赔偿金没有任何关系。同时，借助信托文件的安排，可以相应地隔离原来的保险受益人的个人风险。信托文件可以禁止受益人利用信托受益权进行偿债，也隔离了受益人的债务。信托文件也可以禁止受益权被转让和继承，它的安全性会更高。

信托条款中可以确定受益人领取受益的方式、金额和条件，可对受益人求学、成婚、生子等正向行为予以激励和祝愿，对受益人购房、购车等大额消费予以支持，同时约束受益人的不良行为，避免受益人一次性获得大额现金后不当管理、滥用，养成生活恶习。避免受益人的监护人挪用保险金；避免受益人离婚时保险金被计入待分割财产；秘密指定受益人，避免未来争议。

保险金作为信托财产，只有在信托法所规定的四种情况下才可以得到强制执行。如果不是这四种的话，法院是不能强制执行的，这四种情形是：①预先在信托财产上设立了一种抵押或质押的权利；②受托人在处理信托财产的时候产生了债权与债务的关系；③信托财产本身应担负的税款；④法律规定的其他情形。除了这几种情况之外是不能强制执行这个保险金信托财产的。

根据《信托法》第十二条，“委托人设立信托损害其债权人利益的，债权人有权申请人民法院撤销该信托，人民法院依照前款规定撤销信托的，不影响善意受益人已经取得的信托利益”。由此可见，就算信托被依法撤销，受益人的利益还是能够得到保证的。

此架构的一般优势有两点。第一，税务筹划（TP），获得赔款时，理赔金可以免纳所得税，同时可规避未来或将出台的遗产税。理赔金进入信托后产生的增值，以及分配给受益人如何纳税目前我国税法还没有规定，暂时不用缴纳增值税和所得税。第二，投资规划（IP），借助保单投资功能，比如生存金、分红、现金价值递增等方式，实现资产的复利增值。资产管理是中国大陆信托公司的优势，理赔金进入信托后，经过专业有效的资产管理活动，会进一步强化信托资产的保值、增值。

此架构的不足有两点。第一，无法隔离风险，因为客户自己做投保人，依然是财产的实际所有人，一旦发生人身风险或债务、婚姻等风险，资产依然可能被执行或被视为遗产，导致无法实现资产保护与隔离功能。第二，该架构无法规避和简化 CRS 以及当地税务申报，保单的全部信息都将被统计和自动交换。

三、模型五：T+LI2

架构要点：信托持有保单，同时保单身故受益人也是信托。投保人先行在信托公司设立资金信托，然后由信托作为投保人出资为被保人投保保险，在签订保险合同时，将保险受益人设定为信托公司，信托公司的受益人设定为需要照顾的家庭成员。一旦发生保险理赔，信托公司将按照信托契约的约定，长期且高效地管理、分配这笔资金，如图 4-3 所示。

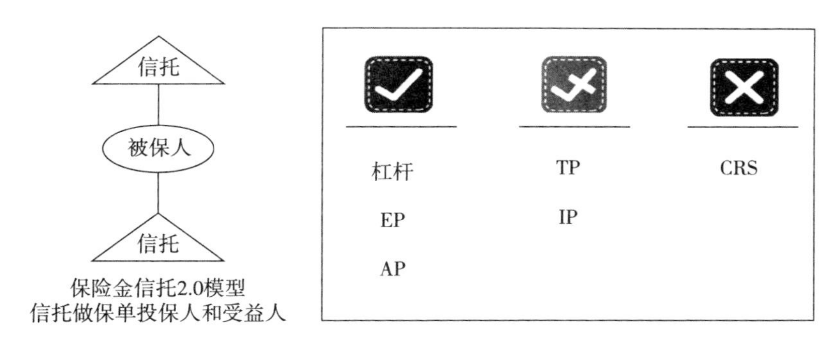

图 4-3　模型五：T+LI2

资料来源：笔者根据保险金信托 2.0 的实际应用整理而成。

此架构模型核心优势有四点。第一，资产倍增，借助杠杆，放大资产。第二，保留权力，保险赔付之前，信托作为投保人保留了保单的所有权和控制权，避免资产失控。保险赔付后，客户作为信托的委托人（设立人），可以通过信托条款的约定，来实现对保单的控制。第三，传承规划（EP），通过信托受益人，实现资产传承可以按需定制、可附加条件、可多代传承，并且隔离信托受益人的自身风险，实现和谐传承，得偿所愿。第四，风险隔离（AP），通过信托持有保单，可避免因投保人身故、婚姻、债务等问题而带来的保单被执行和保单作为遗产被分割的风险，做到风险隔离。需要注意的是，保单的投保人为信托以后，保单原来赋予投保人的权利全部转移给信托，会带来某种（比如申请保单贷款）程度的不便。

此架构的一般优势有两点。第一，税务筹划（TP），获得赔款时，理赔金可以免纳所得税，同时可规避未来或将出台的遗产税。信托产生的增值，以及分配给受益人如何纳税目前我国税法还没有规定，暂时不用缴纳增值税和所得税。第二，投资规划（IP），借助保单投资功能，比如生存金、分红、现金价值递增等方式，实现资产的复利增值。保单的生存金和理赔金都可以进入信托，借助信托公司专业有效的资产管理活动，进一步强化信托资产有保值、增值。

此架构的不足点为：该架构无法规避和简化 CRS 以及当地税务申报，保单的全部信息都将被统计和自动交换。

四、“离岸保险+离岸信托”架构

对于众多富裕客户和高净值客户而言，家庭和资产的双向国际化不可避免，保险配置是很多客户资产国际化的第一步，把离岸保险和信托结合起来，能让国际化走得更稳健、更安全。

五、模型六 A：OT+OLI

架构要点：离岸信托持有离岸保单，同时保单身故受益人也是信托，如图 4-4 所示。

此架构模型核心优势有四点。

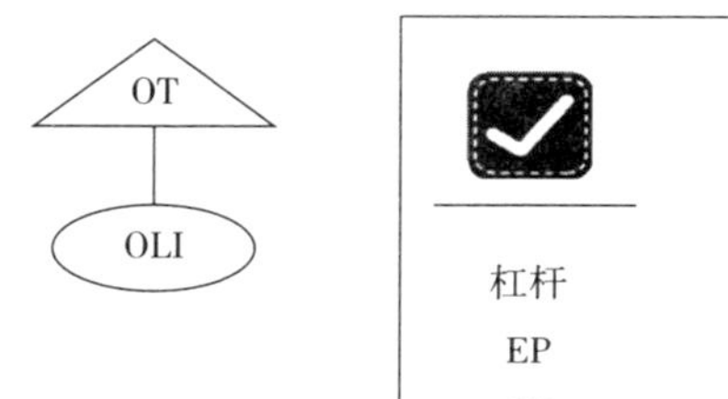

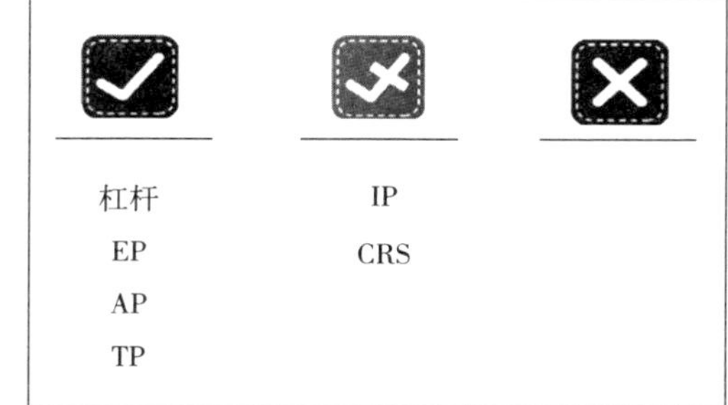

图 4-4 模型六 A：OT+OLI

资料来源：笔者根据保险金信托在离岸的应用整理而成。

第一，资产倍增，借助杠杆，放大资产。

第二，传承规划，通过信托受益人，实现资产传承可以按需定制、可附加条件、可多代传承，并且隔离信托受益人的自身风险，实现和谐传承，得偿所愿。

第三，风险隔离（AP），通过信托持有保单，可避免因投保人身故、婚姻、债务等问题而带来的保单被执行和保单作为遗产被分割的风险，做到风险隔离。

离岸信托架构是怎样实现风险有效隔离的呢？

（1）在离岸地设立信托，并在信托契约中通过明示条款选择离岸信托的管辖法律为《现代资产保护立法》（*Modern Asset Protection Legislation*），比如说，设立开曼信托，选定管辖法律为开曼《1989年欺诈信托处置立法》（*Fraudulent Disposition Legislation*，FDL in Cayman）。

FDL 规定，在转移资产进入离岸信托时存在债权债务关系，且在诉讼时效期间（资产转移后的规定年限，开曼是 6 年，巴哈马和库克岛是 2 年）内的已有债权人才能挑战离岸信托，并且要承担举证义务，证明委托人（设立人）设立信托的目的就是规避债务，这种举证是非常困难的，因为没有债务人会主动承认自己当年借款就是为了有意欺诈。即使挑战成功，离岸信托在偿还债务后还能继续存在。

在一些离岸地还颁布了《冲突法立法》的规定，比如开曼群岛立法（Trusts Law 2011 Revision）明确提出，外国法院执行强制继承权利要求的判决不得在开曼执行，也不被承认。开曼信托立法明确规定，设立人是否具有设立信托的能力，信托的有效性，信托管理及受托人的责权利的解读都归信托立法（Statutory Legislation）解释。为了进一步强化资产保护，可以在信托契约中设立飞行条款，当离岸地不适合信托继续存在时（比如战争、政策调整等），可以改变信托所在地和信托适用法律。

以上立法规定为离岸信托提供了强大保护，债权人、强制继承人和不满的前任几乎不可能成功挑战离岸信托。

（2）离岸信托的类型选择为不可撤销信托、自由裁量信托。不可撤销信托的目的是防止信托被撤销后导致的信托财产回归设立人，该缴税缴税，该还债还债。自由裁量信托的目的是受托人可以根据信托条款的规定，只有在安全的情况下才对受益人进行分配。如果是固权信托，那么受托人将不得不对信托财产进行分配。

（3）委托人（设立人）设立信托时不要过度留权，不要资不抵债，不做共同受托人。过度留权很有可能导致虚假信托，共同受托人是信托的实际控制人，这两个都不可取。之所以不要资不抵债，那是因为离岸地多实行英国破产法（UK The Bankruptcy Act 1914），设立人在破产日两年之内所设立的信托自动被撤销，破产日（开曼）10 年之内，如果设立人存在资不抵债的情况，也会导致信托被撤销。

（4）离岸信托不要在设立人所在地有分支机构，防止当地法院的管辖权。如果受托人（信托公司）在设立人当地有分支机构，当地法庭也就对受托人拥有了管辖权，在岸法庭判决就会影响到信托财产的安全，如果信托资产在在岸地，非常可能被执行。

（5）离岸信托离设立人越远越好。如果受托人注册在设立人所在地，或者在设立人所在地开展业务，设立人所在地的法院就有了管辖权，所以要尽量避免这种情况发生，最好设立人、受托人和债权人不要在同一法域。

（6）确保信托财产正确转入信托。信托资产的转入要符合资产所在地的程序性要求，比如说房产要过户、股权要登记、知识产权转让要书面同意等。

第四，税务筹划（TP），借助离岸保单（OLI）的税务优惠，可以让保单形成的现金价值借助复利功能在保单内累计生息，也可以让现金价值产生的红利变成已付清保费的保额，等到死亡赔付发生时，“现金价值+保额+保额增额”（“复归红利+终了红利”转变而来）都可以作为免税资产给到受益人，可以实现更好的税务筹划。

此架构的一般优势有两点。第一，投资规划（IP），借助保单投资功能，比如生存金、分红、现金价值递增等方式，实现资产的复利增值。第二，通过离岸信托持有保单，离岸信托可以代替离岸保单进行 CRS 申报，起到简化申报的作用，并通过信托设立人的身份规划，改变 CRS 申报方向到中岸（中国香港、新加坡等），可以起到保护隐私和税务筹划的作用。

六、模型六 B：Group Trust + Certificate

架构要点：离岸目的信托持有离岸保单证明（Certificate）。如果单纯持有离岸保单，可以将目的信托和 PTC 结合起来，即利用特殊目的信托——团体信托（Group Trust）来构建保险金信托，如图 4-5 所示。

团体信托设立的目的就是持有保险公司向参与人（Participate，同投保人）签发的保单证明，但只是名义上持有信托资产，当保单证明上载明的保险事故发生后，保险公司将保险赔付以及现金支付

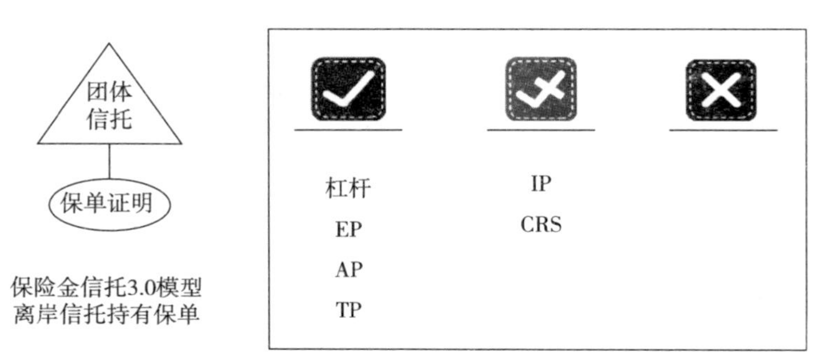

图 4-5　团体信托

资料来源：笔者根据保险金信托在离岸的应用整理而成。

给保单证明上载明的受益人。

这种模型和模型六 A 的本质是一样的，但相比之下还具有两个非常大的优势：其一，团体信托在保险公司签发保单证明时已经设好，并免费提供给投保人使用，不仅免去了设立人设立信托的种种障碍，而且还节省了设立费、管理费等成本。其二，尽管保单证明的保额可高可低，但起步门槛较低，便于客户建立对离岸保险金信托的基本认知，同时大大提高了单纯持有海外保单的安全性。

七、模型七：OT+OC+OLI

架构要点：离岸信托持有离岸公司，同时由离岸公司持有保单，并且保单身故受益人也是信托，如图 4-6 所示。

此架构比架构模型六的优化在于，将保单从离岸信托持有，改为由离岸公司持有，然后再将离岸公司放入离岸信托，这样的架构优势有三点。

第一，投资规划（IP），可以将保单以外的其他资产也纳入信托架构，由离岸公司实现日常管理和控制。

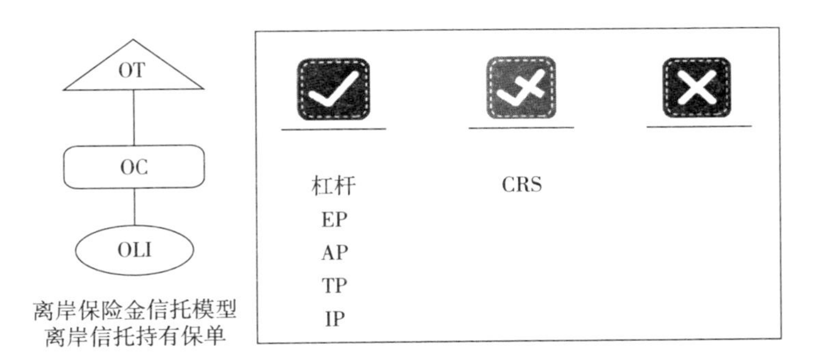

图 4-6　模型七：OT+OC+OLI

资料来源：笔者根据离岸保险金信托模型的应用整理而成。

第二，保留权力，客户可以通过离岸公司的董事会决议来实现保单资产的控制和日常管理，进而代替离岸信托的董事会决议控制，这样不仅可以降低费用成本，而且降低时间成本。

第三，增强税务筹划（TP）效果。借助离岸地的全球税务优势及离岸地与在岸地的双边税收协定，可以实现更好的税务筹划。在这个架构中涉及三个层级的税务问题，每个层级都有规划空间。

（1）在岸地税务。在岸地的税务规划中，公司是税务规划的主体，可以充分利用税务政策优惠、税务返还、税务架构（比如用合伙企业省一道企业所得税）等来实现税务筹划。

（2）在岸地到离岸地的税务。在设立离岸公司的时候，设立人通常都会选择与在岸地签订双边税收协定（DTT）的国家和地区设立，比如中国客户选择中国香港，原因就在于中国内地和中国香港地区的双边税收协定，如果中国香港地区公司是运营公司，中国内地公司向中国香港地区公司分红的预扣税（Withholding Tax）为5%，如果向个人分红，个人所得税为20%。

（3）离岸地到受益人的税务。由于 OC 由 OT 持有，只要 OC 和 OT 的注册地和管控地都在离岸，那么 OC 和 OT 的税收居民身份就在离岸地，充分利用离岸地的免税优势。当 OT 向信托受益人进行分配时，如果受益人是中国税务居民，目前税法没有相关规定是否征税，暂时无税。如果受益人是加拿大税务居民，在收到外国信托分配收入的时候，申报并征税；在信托分配资本时，受益人只申报不交税。加拿大税法有收入转资本的规定，也就是说，信托产生的收入只要过了 12 月 31 日就会变成信托资本，从而达到分配免税。

八、模型八：OT+OC+PPLI

架构要点：离岸信托持有离岸公司，离岸公司持有离岸私募寿险，如图 4-7 所示。

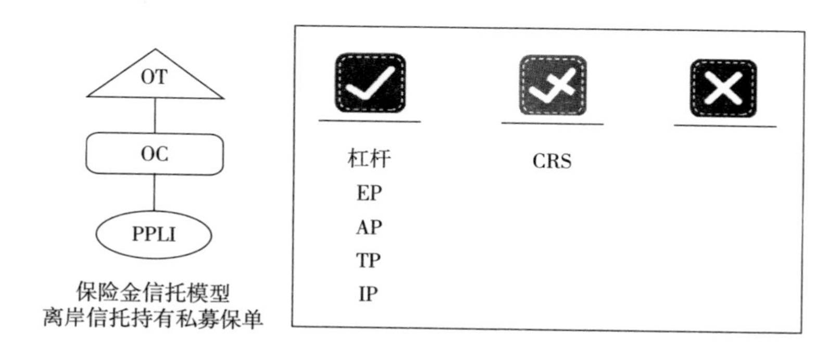

图 4-7 模型八：OT+OC+PPLI

资料来源：笔者根据保险金信托和离岸公司的综合应用整理而成。

此架构除具备架构模型七的全部优点外，将保单从普通离岸保单转变为离岸私募寿险（PPLI），还具有特别的两大优势：第一，简化申报的同时享有税务优惠待遇。把资产装进 PPLI 在 CRS 申报时只申报现金价值，简化了申报。PPLI 是符合相应税收优惠的私募保单，本身是保险，依法享有税法对保险的税收待遇，比如加拿大的 ITA148 和美国的 IRC7702 及 7702A，都对人寿保险中的获利部分给予了可以延税、免税的优惠。

第二，留权与投资规划。PPLI 私募寿险下面有两个账户，保障账户和投资账户，两个账户都在寿险之下，是典型的伞形保护结构。保障账户可以拥有保单的保障与杠杆功能，投资账户允许客户自主掌控保单资产的投资权，为投资其他资产提供方便，进一步加大投资的管理和控制。

第四节　李嘉诚资产传承架构

万里江山千钧担，守业更比创业难，所以钟鸣鼎食之家不爱珍珠宝器之重，不爱琼楼玉宇之工，独爱传承架构之利。

首先我们要搞清楚一个概念，什么是传承？所谓传承就是两个字“传”与“承”，所谓“传”是指一代要有本事“给得了”，所谓“承”就是二代要有本事“接得住”，如图 4-8 所示。

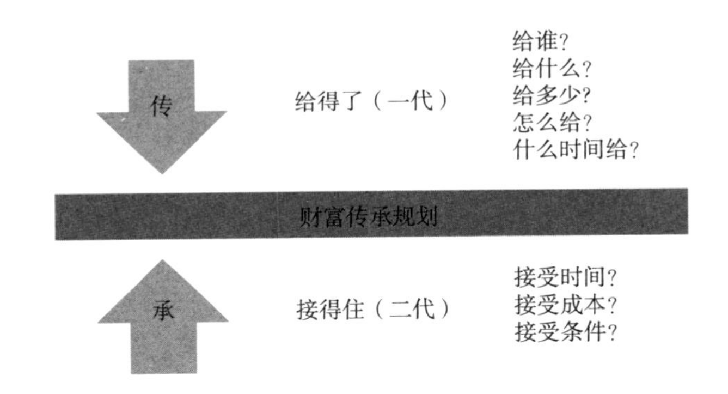

图 4-8　财富传承八问

资料来源：CFRA 认证管理师相关教程。

要想“给得了”，一代必须要解决五个问题：给谁？给什么？给多少？怎么给？什么时间给？二代要想“接得住”，必须要解决三个问题：接受时间？接受成本？接受条件？

根据2012年5月25日李嘉诚公开的分家方案，李嘉诚确定由李泽钜管理长江集团，以现金支持李泽楷发展事业。安排两个儿子一个执掌实业，一个拓展金融，避免同系竞争，用心着实良苦。[①] 2012年7月16日，李嘉诚将家族信托中原分配给李泽楷的1/3权益，全部转给李泽钜，正式落实了分家方案第一步。

这段简短的新闻传递了关于李家财富传承的几个关键词，家族成员（李嘉诚、李泽钜、李泽楷）、家族企业、家族信托、家族现金、实业、金融。一代要解决的五个问题“给谁？给什么？给多少？怎么给？什么时间给？”一时之间似乎全部找到了答案。

一、给谁？

毫无疑问，是李嘉诚的两个儿子李泽钜、李泽楷。

李泽钜1985年毕业于斯坦福大学，获土木工程学士学位、结构工程硕士学位，同年加入长江实业。曾分拆长江基建上市，任长江基建主席，曾获选《时代杂志》“2003年度全球商界最具影响力人物之一”。

李泽楷，1966年11月8日出生于中国香港，加拿大国籍，美国斯坦福大学电脑工程系毕业，1987年加入加拿大戈登资本（Gordon Capital）。

二、给什么？

李泽钜在斯坦福大学学习的是土木工程、结构工程，对李家

① 李嘉诚“分家”后首场记者会详见http://hk.eastmoney.com/a/20120803242970274.html。

“四大旗舰”（长江实业、和记黄埔、长江基建、电能实业）而言，绝对是专业人士、内行。与弟弟李泽楷相比，李泽钜显得低调沉稳，确实是可担重任的首选。

再看李泽楷，1993 年李泽楷用赚来的 30 亿港元创建了盈科集团。2000 年，李泽楷创办的盈科集团，以 2300 亿元成就了当年亚洲最大的并购案。由此可见李泽楷擅长并购和资本运作。

由此可见，安排大儿子李泽钜执掌实业，小儿子李泽楷拓展金融，既发挥了专才，又避免了同系竞争，用心着实良苦。李嘉诚曾表示，相信兄弟俩在业务和财产上都没有冲突。

三、怎么给？给多少？

在家族财富传承方面，李嘉诚早有准备，他设立了至少 4 个信托基金，分别持有旗下公司的股份，并对每个信托基金指定了受益人。李嘉诚家族信托是复式结构的离岸信托，为家族财富传承与分配建立了完美的持有架构。

在分家之前，李家资产是“三分天下”，家族信托的权益是分别由李嘉诚、李泽钜、李泽楷各持有 1/3，以长江实业、和记黄埔、长江基建等为代表的家族企业股权，全部由离岸信托架构持有。

分家之后，大儿子李泽钜执掌实业，实业都在信托名下，所以转让信托权益就做到了转让实业的目标。2012 年 7 月 16 日，李嘉诚将家族信托中原分配给李泽楷的 1/3 权益，全部转给李泽钜，正式落实了分家方案第一步。李泽钜接掌市值逾 8500 亿港元、涉及 22 家上市公司的长江集团。

小儿子李泽楷拓展金融，2012 年 8 月 2 日，李嘉诚则透露现在已有现金存在银行，李泽楷随时可提取。

此次分家，李嘉诚慈善基金会也同样备受关注，基金会于 1980 年创立，分家之后，家族信托权益 2/3 由李泽钜掌控，剩下的 1/3

权益现在仍由李嘉诚持有，但按照他之前的安排，权益的大部分将转移给李嘉诚慈善基金会，由两名儿子共同管理，由李泽钜当主席。

这一模式并非李嘉诚独创，其最具代表性的实践人其实是比尔·盖茨。2008年，比尔·盖茨将580亿美元财产全数捐给名下慈善基金“比尔和梅琳达基金会”。未来，其三个子女将会受到基金会照顾，一生衣食无忧。

李嘉诚的这种安排相当于是给两兄弟未来买了一个巨额“失业保险”，这样即便是他们以后不慎企业管理失利，资产付之东流，至少也可饱暖无虞。

四、什么时间给?

从2012年5月25日李嘉诚公开宣布分家方案，由长子李泽钜管理长江集团，到2018年5月10日李嘉诚宣布退休，李泽钜接管企业，整整6年的时间。这6年是李嘉诚落实家族传承方案至关重要的6年，既要帮长子李泽钜坐稳位子，牢牢掌控李氏实业，又要辗转腾挪，帮次子李泽楷完成并购。

这也印证了此前李嘉诚的说法，持有家族信托2/3权益的李泽钜将全面接管“长和系”，而李泽楷则将获得数倍于其资产的现金支持，以发展新事业。

分家之前次子李泽楷拥有三家上市公司，分别是电讯盈科、香港电讯信托和盈大地产，按持股比例计算，2012年李泽楷持有市值为136.48亿港元，在福布斯中国香港富豪榜，他位列第33位。

李嘉诚近年抛售的中国内地和中国香港地区的资产近2000亿元，主要是房地产。李嘉诚早已表示，李泽楷看中的不是“和黄系”六大业务（指港口、地产、零售、基建、能源、电信），也不是传媒和娱乐，而是属于长线可发展的传统行业。所以，并购传统水、电、天然气、通信事业等具有稳定现金流的可长线发展的传统行业提上了日程。

纵观李嘉诚在英国投资的资产，涵盖供水、供电、天然气输送、铁路、通信、零售，几乎是所有跟民生有关的事业，大部分是稀缺的民生资源，不仅业绩稳定、回报有保障，而且风险极低，能够源源不断地产生安全持久的稳定收入，完全符合李嘉诚的家族利益。这些生意并购完成以后，将为次子李泽楷带来源源不断的现金流，为并购事业提供源源不断的帮助。

至此，李嘉诚为两个儿子定制的传承方案可以完美画上句号了。

李嘉诚在财富传承的道路上选择了“家族保险+家族信托+家族基金会”的组合，保险、信托和基金会都是资产持有架构，资产放在架构里要比放在个人名下安全得多，稳健得多。

以保险、信托和基金会为代表的这些资产持有架构具有“隔离风险、高度安全、私密性高、被动增值、被动收入、易于传承”的优势，被称为“终极财富”，是高净值客户保护和传承家族财富的终极之选。

第五章

STEP架构师展望

第一节　知行合一 全球布局

积累了财富，在做出家庭财富管理决策之前必须先思考：如何持有？

在考虑如何持有之前，牢记 15 字诀和一副对联：

上联：保留权利，放大保额，改变资产性质

下联：释放权利，家庭做主，强化风险隔离

横批：知行合一

王阳明提出："知行合一，知之真切笃实处即是行，行之明觉精察处即是知。"

第一步："知"始于"问"！如表 5-1 所示。

表 5-1　"问"的内容

问	生	老	病	逝	婚	移	税	债	代	原	配	透	传	败	争
男/女	✓	✔	✓	✔	✓	✔	✓	✔	✔	✓	✔	✓	✔	✖	✖

资料来源：笔者根据高端客户财富风险管理实践整理而成。

15 字诀用于收集客户信息，符号和每个字的含义如表 5-2 所示。

表 5-2　15 字诀符号及含义

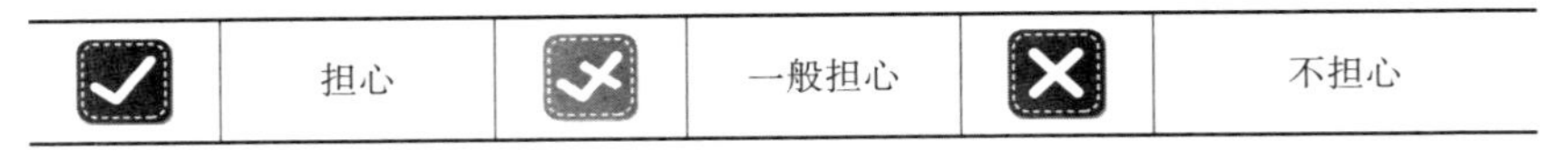

✔	担心	✓	一般担心	✖	不担心

资料来源：笔者根据高端客户财富风险管理实践整理而成。

生：家人需要照顾，年金、人数、额度

老：家人需要赡养，年金、人数、额度

病：家人健康管理，人数、额度、配置优先级及方法

逝：被动继承与分割，遗嘱与继承权公证，潜在纠纷，债务与税务

婚：上下三代婚前、婚后、婚生、婚变

移：移民、留学移民、买房移民

税：个人、家庭、企业、境内、境外

债：个人、家庭、企业，三级防范

代：房产、股权、子女的代持

原：财富来源的原罪、过去无罪不代表现在和未来无罪

配：资产配置，币种、地区、资产类别

透：资产信息透明化，CRS/FATCA 与当地税务/资产申报

传：精神与物质，宪章、意愿书；兼顾投资、税务、保护与传承

败：普通败家子之败（乱花钱、无理财）；精英败家子之败（乱投资、无指导）

争：家庭内外争家产，企业内外争股权，国内国外争位子

客户信息收集完毕以后，利用下表找适合的架构。

第二步：知之为知之，不知为不知，是知也。　　（《论语》）

“知”的含义如表 5-3 所示。

表 5-3　“知”的含义

知	人身风险				财富风险								传承风险		
	生	老	病	逝	婚	移	税	债	代	原	配	透	传	败	争
保险	✓	✓	✓	✓	✓✗	✓✗	✓✗	✓✗	✓✗	✗	✓	✗	✓	✓✗	✓✗
信托	✓✗	✓✗	✓✗	✓✗	✓	✓	✓✗	✓	✓	✗	✓	✗	✓	✓	✓
公司	✗	✗	✗	✗	✗	✓✗	✓	✓✗	✓✗	✗	✗	✓✗	✗	✗	✗
基金会	✓✗	✓✗	✓✗	✓✗	✓	✓	✓✗	✓	✓	✗	✓	✓✗	✓	✓	✓

资料来源：笔者根据高端客户财富风险管理实践整理而成。

解决方案符号说明如表 5-4 所示。

表 5-4　解决方案符号说明

Lv	保障/财务杠杆	Pw	保留控制权	IP	投资规划
TP	税务规划	AP	资产保护规划	EP	遗产规划
R1	FATCA/CRS 申报	R2	当地资产申报		
✓	可以解决	✓✗	部分解决	✗	无法解决

资料来源：笔者根据高端客户财富风险管理实践整理而成。

架构师根据客户情况综合判断而成。

第三步：格物致知，止于至善。　　　　（《礼记·大学》）

行：学以致用、迎接挑战、落实行动。“行”的含义如表 5-5 所示。

表 5-5 “行”的含义

行	Leverage	IP	TP	AP	EP	FATCA/CRS
LI1	✓	⍻	⍻	✗	⍻	✗
LI2	✓	⍻	⍻	⍻	⍻	✗
LI3	✓	⍻	⍻	⍻	⍻	✗
T+L1	✓	⍻	⍻	✗	✓	✗
T+L2	✓	⍻	⍻	✓	✓	✗
OT+OLI	✓	⍻	✓	✓	✓	⍻
OT+OC+OLI	✓	⍻	✓	✓	✓	⍻
OT+OC+PPLI	✓	✓	✓	✓	✓	✓

资料来源：笔者根据高端客户财富风险管理实践整理而成。

借助八大架构，实现独立、自由、无憾的人生。独立，就是要做到“收能抵支，资能抵债，无惧风险”；自由，就是要做到“人身自由，财务自由，精神自由”“从心所欲不逾矩”；无憾，就是要做到“恩泽子孙，延续梦想，回馈社会”。

第二节 全球顶级认证：STEP

一、STEP 认证介绍

全球信托与遗产规划从业者协会（The Society of Trust and Estate

Practitioners，STEP）于 1991 年成立，总部在英国伦敦，是全球性的专业协会，由专精于信托和家族传承规划的从业者组成。STEP 在全球有超过 100 个分支机构，遍布 40 多个国家和地区。STEP 全球成员超过 2 万名，其会员主要来自于律师、会计师、税务师及银行和保险业的信托人员。

STEP 是信托专业领域全球最权威认证，在各国政府和国际组织间得到广泛认可，多国政府会在相关新政和法规推出时主动发函邀请 STEP 的参与。STEP 协会中会员很多都是从事律师、会计师、财务顾问的第一线专家，时常会配合各国和各地区政府针对信托、税务和传承问题提供自己的专业意见。比如 STEP 向加拿大政府、政策制定者和相关专业机构提供专业技术支持；比如 STEP 向中国香港特别行政区政府为中国香港信托业发展提供专业技术支持；在 BVI 英属维京群岛和巴哈马，STEP 已获得当地政府的官方支持和推广。

STEP 组织的各类活动和会议，也会有很多行业专家、政府官员，甚至国家总理参加。

STEP 是一个拿到会员资格才可以参加其组织的各类峰会、活动、行业专业交流会的行业协会，会员分四个段位，如图 5-1 所示。

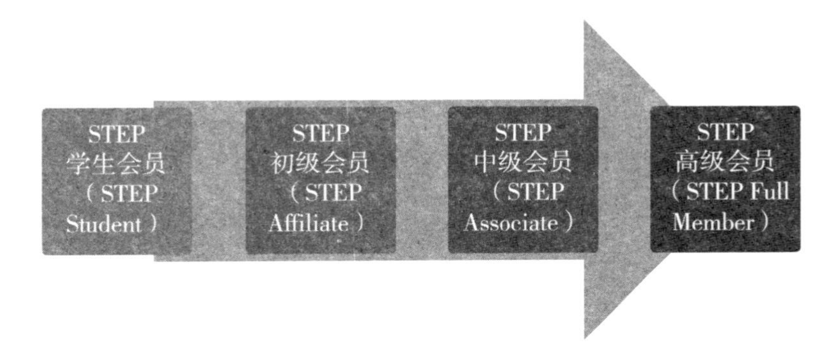

图 5-1　STEP 的四个段位

获得 STEP 学生会员要通过 Trust 的资格考试，获得 30 个积分。如果不做受托人行业，只是想了解和进入这个圈子，基本考完这个就差不多了。资格考试只有一门，即“国际信托管理证书”（The Certificate in International Trust Management）。

获得 STEP 初级会员，需要通过资格考试之后，加上文凭或者 CFA、CFP 之类的专业认证可以拿到 30 个积分。这样考过资格考试的 30 积分+之后文凭认证的 30 积分=60 积分，就可以获得 STEP 初级会员。

获得 STEP 中级会员，需要从文凭考试（Diploma）中选择两门学科，一门 30 个积分，共 60 个积分。

获得 STEP 高级会员，需要通过文凭考试中的剩下两门，一门 30 个积分，共 60 个积分。

文凭考试一共四门：信托创建：法律与实践（Trust Creation: Law and Practice）、公司法与实践（Company Law and Practice）、信托管理和账户（Trust Administration and Accounts）、受托人投资和财务评估（Trustee Investment and Financial Appraisal）。

考完之后，拿到 120 个文凭考试的积分，还需要再经过 2 年的相关工作经验，拿到 60 个工作经验积分（Practice Level Credits），最后可以申请成为 STEP 高级会员。

考试难度与 CFA 相似，课本和考试都是全英文，全球统考，地点根据当期报名学员的人数和地域选择考试地点。

二、STEP 考试攻略

（一）考试试卷

试卷分数：STEP 的每门考试的出卷类型都相似，5 门课程满分都是 100 分。其中 25 分是选择题，都是单选，有多选也会组合成单选。75 分是简答题和论述题，这部分试卷会出 5 道大题，每道大题 25 分，需要 5 题选 3 题。可能是论述题（25 分只有一题需要写长篇文章的）；可能是简答题（拆为 3~5 项问题，每项问题 3~8 分不等）。

试卷语言：英文。全部题目均为英文，题目长度有长有短，基本为案例题目。STEP 的考试比较结合实际，很多为应用类型的题目，有些选择题题干很长。很多考生可能会因为读不懂题而考不过，所以语言技能是基础。

考试时间：3 小时。之前有 15 分钟的阅卷时间。

考试形式：完全的纸质试卷，手写答题。

考试成绩 100 分满分；50 分合格；60 分良好；70 分及以上优秀。

（二）考试培训

因为课程教材编写采用英美法系方式，全英文教材，难度较大，对母语为非英语的人士更难，对非常忙碌的成功专业人士更是难上加难。

面对这样的全英文考试，恒通国际私人财富研究院联合信知也学社[①]，正式开启了针对全球华人专业人士的国际信托管理课程和相关专业拓展的教学工作，联合国内外财务管理和信托相关的资深专家，条分缕析地解剖了信托这一精密而复杂的金融工具，深入浅出地讲述了信托及离岸信托在普通法和大陆法框架下的分类、结构和作用，以及委托人、受托人、受益人、保护人、法院、债权人等不同主体在高级财富管理中的责、权、利结构，讨论如何为超高净值客户解决家族财富管理与传承、家族事务管理（家族治理）、家族企业持续经营、家族风险管理方面的具体问题。

---

① 信知也学社介绍：信知也学社由从业 20 多年的行业专家带头，教练组全员均为全球专业权威的信托与遗产规划委员会 STEP 会员。

拥有全球超强的教练组，管家式的教学方法，使用中文讲解，以便清楚知识点，采用“中文思路总结+英文必用词组提示”的形式攻克问答题重点题型，并且邀请一线专家分享实践经验，每日、每周推进学习，理论、实践、应试教学轮番推出，达到事半功倍的效果。

教练组曾带领华人学友以95%和88%的高通过率完成D1和D2的课程。同时，中国区会员人数也由初期的30多人增加至如今的100多人。